U0332266

新中国气象事业70周年·重庆卷

重庆市气象局

图书在版编目（CIP）数据

新中国气象事业 70 周年 . 重庆卷 / 重庆市气象局编著 . -- 北京：气象出版社，2020.9
ISBN 978-7-5029-7147-2

Ⅰ.①新… Ⅱ.①重… Ⅲ.①气象－工作－重庆－画册 Ⅳ.①P468.2-64

中国版本图书馆CIP数据核字（2020）第190225号

新中国气象事业70周年·重庆卷
Xinzhongguo Qixiang Shiye Qishi Zhounian · Chongqing Juan
重庆市气象局　编著

出版发行：气象出版社
地　　址：北京市海淀区中关村南大街 46 号　**邮政编码**：100081
电　　话：010-68407112（总编室）　010-68408042（发行部）
网　　址：http://www.qxcbs.com　**E-mail**：qxcbs@cma.gov.cn
策划编辑：周　露
责任编辑：郭健华　**终　　审**：吴晓鹏
责任校对：张硕杰　**责任技编**：赵相宁
装帧设计：新光洋（北京）文化传播有限公司
印　　刷：北京地大彩印有限公司
开　　本：889 mm ×1194 mm　1/16　**印　　张**：10
字　　数：256 千字
版　　次：2020 年 9 月第 1 版　**印　　次**：2020 年 9 月第 1 次印刷
定　　价：208.00 元

总 序

1949 年 12 月 8 日是载入史册的重要日子。这一天，经中央批准，中央军委气象局正式成立，开启了新中国气象事业的伟大征程。

气象事业始终根植于党和国家发展大局，与国家发展同行共进、同频共振。伴随着国家发展的进程，气象事业从小到大、从弱到强、从落后到先进，走出了一条中国特色社会主义气象发展道路。新中国成立后，我们秉持人民利益至上这一根本宗旨，统筹做好国防和经济建设气象服务。在国家改革开放的大潮中，我们全面加速气象现代化建设，在促进国家经济社会发展和保障改善民生中实现气象事业的跨越式发展。党的十八大以来，我们坚持以习近平新时代中国特色社会主义思想为指导，坚持在贯彻落实党中央决策部署和服务保障国家重大战略中发展气象事业，开启了现代化气象强国建设的新征程。70 年气象事业的生动实践深刻诠释了国运昌则事业兴、事业兴则国家强。

气象事业始终在党中央、国务院的坚强领导和亲切关怀下，与伟大梦想同心同向、逐梦同行。党和国家始终把气象事业作为基础性公益性社会事业，纳入经济社会发展全局统筹部署、同步推进。毛泽东主席关于气象部门要把天气常常告诉老百姓的指示，成为气象工作贯穿始终的根本宗旨。邓小平同志强调气象工作对工农业生产很重要，江泽民同志指出气象现代化是国家现代化的重要标志，胡锦涛同志要求提高气象预测预报、防灾减灾、应对气候变化和开发利用气候资源能力，都为气象事业发展指明了方向，鼓舞着我们奋勇前行。习近平总书记特别指出，气象工作关系生命安全、生产发展、生活富裕、生态良好，要求气象工作者推动气象事业高质量发展，提高气象服务保障能力，为我们以更高的政治站位、更宽的国际视野、更强的使命担当实现更大发展，提供了根本遵循。

在党中央、国务院的坚强领导下，一代代气象人接续奋斗、奋力拼搏，气象事业发生了根本性变化，取得了举世瞩目的成就。

70 年来，我们紧紧围绕国家发展和人民需求，坚持趋利避害并举，建成了世界上保障领域最广、机制最健全、效益最突出的气象服务体系。

面向防灾减灾救灾，我们努力做到了重大灾害性天气不漏报，成功应对了超强台风、特大洪水、低温雨雪冰冻、严重干旱等重大气象灾害，为各级党委政府防灾减灾部署和人民群众避灾赢得了先机。我们建成了多部门共享共用的国家突发事件预警信息发布系统，努力做到重点灾害预警不留盲区，预警信息可在 10 分钟内覆盖 86% 的老百姓，有效解决了“最后一公里”问题，充分发挥了气象防灾减灾第一道防线作用。

面向生态文明建设，我们构建了覆盖多领域的生态文明气象保障服务体系，打造了人工影响天气、气候资源开发利用、气候可行性论证、气候标志认证、卫星遥感应用、大气污染防治保障等服务品牌，开展了三江源、祁连山等重点生态功能区空中云水资源开发利用，完成了国家和区域气候变化评估，组织了四次全国风能资源普查，探索建设了国家气象公园，建立了世界上规模最大的现代化人工影响天气作业体系，人工增雨（雪）覆盖 500 万平方公里，防雹保护达 50 多万平方公里，有力推动了生态修复、环境改善，气象已经成为美丽中国的参与者、守护者、贡献者。

面向经济社会发展，我们主动服务和融入乡村振兴、“一带一路”、军民融合、区域协调发展等国家重大战略，主动服务和融入现代化经济体系建设，大力加强了农业、海洋、交通、自然资源、旅游、能源、健康、金融、保险等领域气象服务，成功保障了新中国成立 70 周年、北京奥运会等重大活动和南水北调、载人航天等重大工程，积极引导了社会资本和社会力量参与气象服务，服务领域已经拓展到上百个行业、覆盖到亿万用户，投入产出比达到 1 ： 50，气象服务的经济社会效益显著提升。

面向人民美好生活，我们围绕人民群众衣食住行健康等多元化服务需求，创新气象服务业态和模式，大力发展智慧气象服务，打造“中国天气”服务品牌，气象服务的及时性、准确性大幅提高。气象影视服务覆盖人群超过 10 亿，“两微一端”气象新媒体服务覆盖人群超 6.9 亿，中国天气网日浏览量突破 1 亿人次，全国气象科普教育基地超过 350 家，气象服务公众覆盖率突破 90%，公众满意度保持在 85 分以上，人民群众对气象服务的获得感显著增强。

70 年来，我们始终坚持气象现代化建设不动摇，建成了世界上规模最大、覆盖最全的综合气象观测系统和先进的气象信息系统，建成了无缝隙智能化的气象预报预测系统。

综合气象观测系统达到世界先进水平。气象观测系统从以地面人工观测为主发展到“天—地—空”一体化自动化综合观测。现有地面气象观测站 7 万多个，全国乡镇覆盖率达到 99.6%，数据传输时效从 1 小时提升到 1 分钟。建成了 216 部雷达组成的新一代天气雷达网，数据传输时效从 8 分钟提升到 50 秒。成功发射了 17 颗风云系列气象卫星，7 颗在轨运行，为全球 100 多个国家和地区、国内 2500 多个用户提供服务，风云二号 H 星成为气象服务“一带一路”的主力卫星。建立了生态、环境、农业、海洋、交通、旅游等专业气象监测网，形成了全球最大的综合气象观测网。

气象信息化水平显著增强。物联网、大数据、人工智能等新技术得到深入应用，形成了“云＋端”的气象信息技术新架构。建成了高速气象网络、海量气象数据库和国产超级计算机系统，每日新增的气象数据量是新中国成立初期的100多万倍。新建设的“天镜”系统实现了全业务、全流程、全要素的综合监控。气象数据率先向国内外全面开放共享，中国气象数据网累计用户突破30万，海外注册用户遍布70多个国家，累计访问量超过5.1亿人次。

气象预报业务能力大幅提升。从手工绘制天气图发展到自主创新数值天气预报，从站点预报发展到精细化智能网格预报，从传统单一天气预报发展到面向多领域的影响预报和风险预警，气象预报预测的准确率、提前量、精细化和智能化水平显著提高。全国暴雨预警准确率达到88%，强对流预警时间提前至38分钟，可提前3～4天对台风路径做出较为准确的预报，达到世界先进水平。2017年中国气象局成为世界气象中心，标志着我国气象现代化整体水平迈入世界先进行列！

70年来，我们紧跟国家科技发展步伐和世界气象科技发展趋势，大力加强气象科技创新和人才队伍建设，我国气象科技创新由以跟踪为主转向跟跑并跑并存的新阶段。

建立了较为完善的国家气象科技创新体系。我们不断优化气象科技创新功能布局，形成了气象部门科研机构、各级业务单位和国家科研院所、高等院校、军队等跨行业科研力量构成的气象科技创新体系。强化气象科技与业务服务深度融合，大力发展研究型业务。加快核心关键技术攻关，雷达、卫星、数值预报等技术取得重大突破，有力支撑了气象现代化发展。坚持气象科技创新和体制机制创新“双轮驱动”，形成了更具活力的气象科技管理制度和创新环境。气象科技成果获国家自然科学奖26项，获国家科技进步奖67项。

科技人才队伍建设取得丰硕成果。我们大力实施人才优先战略，加强科技创新团队建设。全国气象领域两院院士35人，气象部门入选“千人计划”“万人计划”等国家人才工程25人。气象科学家叶笃正、秦大河、曾庆存先后获得国际气象领域最高奖，叶笃正获国家最高科学技术奖。一系列科技创新成果和一大批科技人才有力支撑了气象现代化建设。

70年来，我们坚持并完善气象体制机制、不断深化改革开放和管理创新，气象事业从封闭走向开放、从传统走向现代、从部门走向社会、从国内走向全球。

领导管理体制不断巩固完善。坚持并不断完善双重领导、以部门为主的领导管理体制和双重计划财务体制，遵循了气象科学发展的内在规律，实现了气象现代化全国统一规划、统一布局、统一建设、统一管理，形成了中央和地方共同推进气象事业发展、共同建设气象现代化的格局，满足了国家和地方经济社会发展对气象服务的多样化需求。

各项改革不断深化。坚持发展与改革有机结合，协同推进“放管服”改革和气象行政审批制度改革，全面完成国务院防雷减灾体制改革任务，深入推进气象服务体制、业务科技体制、管理体制等改革，初步建立了与国家治理体系和治理能力现代化相适应的业务管理体系和制度体系，为气象事业高质量发展注入强大动力。

开放合作力度不断加大。与近百家单位开展务实合作，形成了省部合作、部门合作、局校合作、局企合作的全方位、宽领域、深层次国内开放合作格局。先后与 160 多个国家和地区开展了气象科技合作交流，深度参与“一带一路”建设，为广大发展中国家提供气象科技援助，100 多位中国专家在世界气象组织、政府间气候变化专门委员会等国际组织中任职，气象全球影响力和话语权显著提升，我国已成为世界气象事业的深度参与者、积极贡献者，为全球应对气候变化和自然灾害防御不断贡献中国智慧和中国方案。

气象法治体系不断健全。建立了《气象法》为龙头，行政法规、部门规章、地方法规组成的气象法律法规制度体系，形成了由国家、地方、行业和团体等各类标准组成的气象标准体系，气象事业进入法治化发展轨道。

70 年来，我们始终坚持党对气象事业的全面领导，以政治建设为统领，全面加强党的建设，在拼搏奉献中践行初心使命，为气象事业高质量发展提供坚强保证。

70 年来，气象事业发展历程中人才辈出、精神璀璨，有夙夜为公、舍我其谁的开创者和领导者，有精益求精、勇攀高峰的科学家，有奋楫争先、勇挑重担的先进模范，有甘于清苦、默默奉献的广大基层职工。一代代气象人以服务国家、服务人民的深厚情怀，谱写了气象事业跨越式发展的壮丽篇章；一代代气象人推动着气象事业的长河奔腾向前，唱响了砥砺奋进的动人赞歌；一代代气象人凝练出“准确、及时、创新、奉献”的气象精神，激发起干事创业的担当魄力！

70 年的发展实践，我们深刻地认识到，**坚持党的全面领导是气象事业的根本保证。**70 年来，在党的领导下，气象事业紧贴国家、时代和人民的要求，实现健康持续发展。我们坚持以习近平新时代中国特色社会主义思想为指导，增强“四个意识”，坚定“四个自信”，做到“两个维护”，把党的领导贯穿和体现到气象事业改革发展各方面各环节，确保气象改革发展和现代化建设始终沿着正确的方向前行。**坚持以人民为中心的发展思想是气象事业的根本宗旨。**70 年来，我们把满足人民生产生活需求作为根本任务，把保护人民生命财产安全放在首位，把老百姓的安危冷暖记在心上，把为人民服务的宗旨落实到积极推进气象服务供给侧结构性改革等各方面工作，促进气象在公共服务领域不断做出新的贡献。**坚持气象现代化建设不动摇是气象事业的兴业之路。**70 年来，我们坚定不移加强和推进气象现代化建设，以现代化引领和推动气象事业发展。我们按照新时代中国特色社会主义事业的战略安排，谋划推进现代化气象强国建设，确保气象现代化同党和国家的发展要求相适应、同气象事业发展目标相契合。**坚持科技创新驱动和人才优先发展是气象事业的根本动力**。70 年来，我们大力实施科技创新战略，着力建设高素质专业化干部人才队伍，集中攻关制约气象事业发展的核心关键技术难题，促进了气象科技实力和业务水平的不断提升。**坚持深化改革扩大开放是气象事业的活力源泉**。70 年来，我们紧跟国家步伐，全面深化气象改革开放，认识不断深化、力度不断加大、领域不断拓展、成效不断显现，推动气象事业在不断深化改革中披荆斩棘、破浪前行。

铭记历史，继往开来。《新中国气象事业 70 周年》系列画册选录了 70 年来全国各级气象部门最具有历史意义的图片，生动全面地记录了气象事业的发展足迹和突出贡献。通过系列画册，面向社会充分展示了气象事业 70 年来的生动实践、显著成就和宝贵经验；展现了气象事业对中国社会经济发展、人民福祉安康提供的强有力保障、支撑；树立了“气象为民”形象，扩大中国气象的认知度、影响力和公信力；同时积累和典藏气象历史、弘扬气象人精神，能够推动气象文化建设，凝聚共识，汇聚推进气象事业改革发展力量。

在新的长征路上，气象工作责任更加重大、使命更加光荣，我们将以习近平新时代中国特色社会主义思想为指导，不忘初心、牢记使命，发扬优良传统，加快科技创新，做到监测精密、预报精准、服务精细，推动气象事业高质量发展，提高气象服务保障能力，发挥气象防灾减灾第一道防线作用，以永不懈怠的精神状态和一往无前的奋斗姿态，为决胜全面建成小康社会、建设社会主义现代化国家做出新的更大贡献！

中国气象局党组书记、局长：刘雅鸣

2019 年 12 月

前言

重庆，位于中国内陆西南部、长江上游地区，是山环水绕、江峡相拥的山水之城。伴随着新中国 70 年的光辉历程，在中国气象局和地方党委、政府的坚强领导下，重庆气象事业在探索中前进，在创新中发展，不断开辟发展新境界，取得了巨大进步和显著成绩。特别是进入新时代以来，重庆气象工作全面贯彻落实习近平总书记对气象工作的重要指示精神和对重庆提出的“两点”（西部大开发的重要战略支点，“一带一路”和长江经济带的联接点）定位、“两地”（内陆开放高地，山清水秀美丽之地）、“两高”（推动高质量发展，创造高品质生活）目标、发挥“三个作用”（在推进新时代西部大开发中发挥支撑作用，在推进共建“一带一路”中发挥带动作用，在推进长江经济带绿色发展中发挥示范作用）和营造良好政治生态的重要指示要求，紧紧围绕重庆重大发展战略，坚持“高质量高品质发展”“跳出小气象、做实大气象”的发展思路，在更大的格局上深度融入地方经济社会发展大局，在更高的站位上推动新时代重庆气象现代化发展，积极助力重庆在推进新时代西部大开发形成新格局中展现新作为，实现新突破。

人民解放纪念碑

目录

溯源篇（春秋—1949 年）

文脉绵延悠千载
抗战烽烟承薪火

文脉绵延悠千载

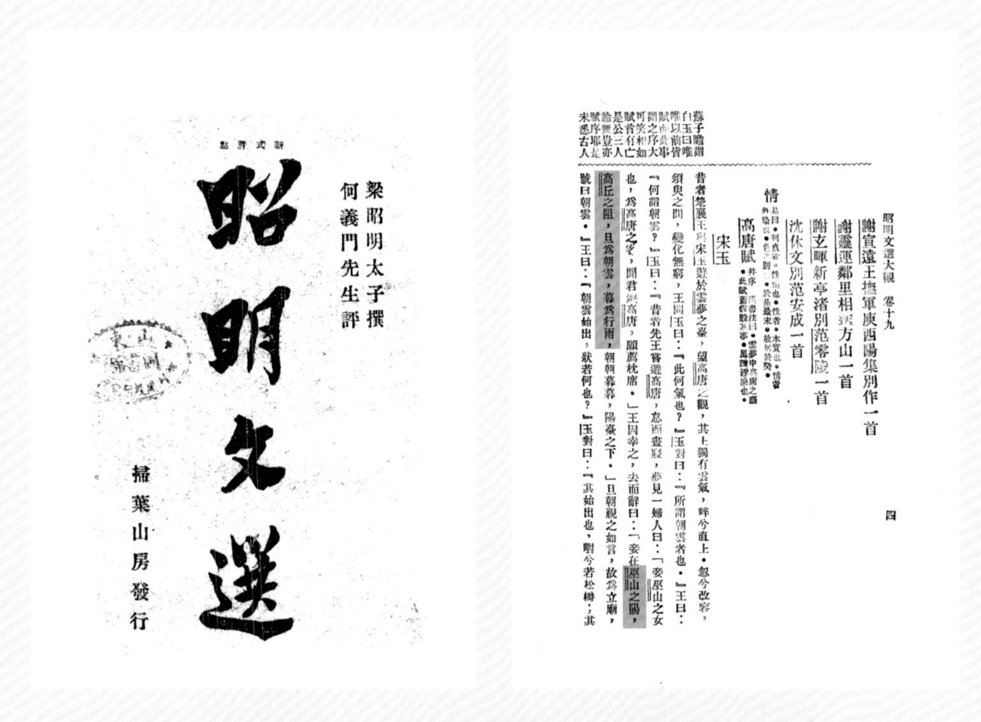

昭明文選大觀　卷十九　四

謝宣遠王撫軍庾西陽集別作一首

謝靈運鄰里相送方山一首

謝玄暉新亭渚別范零陵一首

沈休文別范安成一首

情

高唐賦 并序

宋玉

昔者楚襄王與宋玉遊於雲夢之臺，望高唐之觀，其上獨有雲氣，崪兮直上，忽兮改容，須臾之間，變化無窮。王問玉曰：「此何氣也？」玉對曰：「所謂朝雲者也。」王曰：「何謂朝雲？」玉曰：「昔者先王嘗遊高唐，怠而晝寢，夢見一婦人曰：『妾巫山之女也，爲高唐之客，聞君遊高唐，願薦枕席。』王因幸之，去而辭曰：『妾在巫山之陽，高丘之阻，旦爲朝雲，暮爲行雨，朝朝暮暮，陽臺之下。』旦朝視之如言，故爲立廟，號曰朝雲。」王曰：「朝雲始出，狀若何也？」玉對曰：「其始出也，曀兮若松榯；其

▲ 春秋末期，宋玉《高唐赋》“巫山之阳，高丘之阻，旦为朝云，暮为行雨”

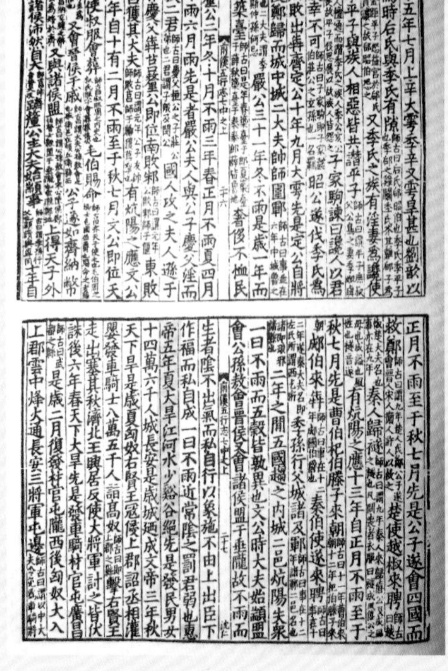

公元前 190 年，《汉书 · 五行志》“惠帝五年夏，巫县（巫山）大旱。江河水少，溪谷绝” ▶

▲ 763 年（唐广德元年），涪陵白鹤梁石刻“石鱼出现下去水四尺”（《涪陵市志》记载，涪州大旱，长江水枯）

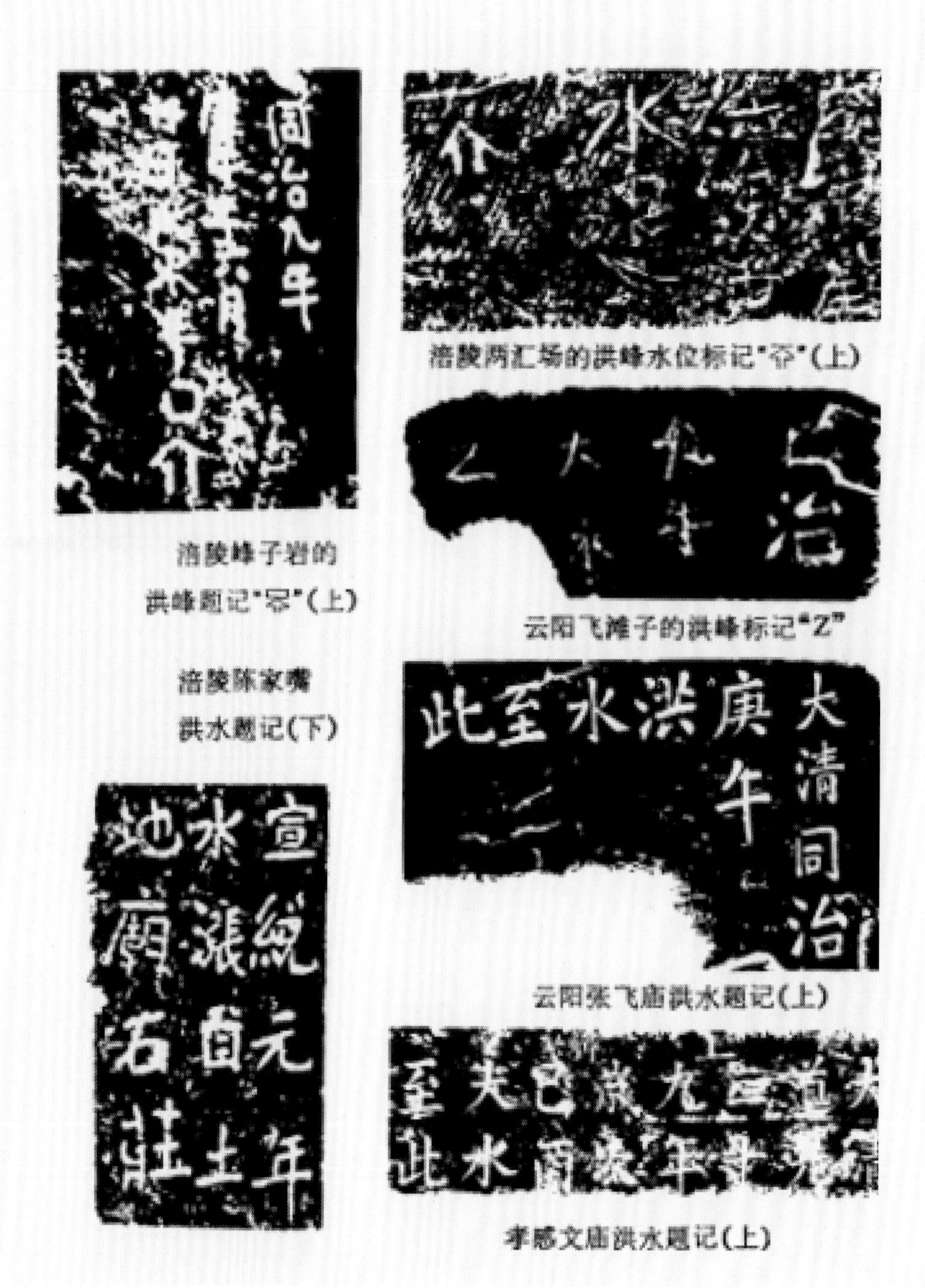

▲ 1870 年（清同治九年）六月十三日至二十日，川东大雨，长江、嘉陵江暴发特大洪水，“合川、江北、巴县、长寿、涪州、忠州、丰都、万县、奉节、云阳、巫山等州县城垣、衙署、营汛、民田、庐舍多被淹”，多地出现洪水题刻

▲ 1891 年，重庆海关设立测候所（南岸玄坛庙）

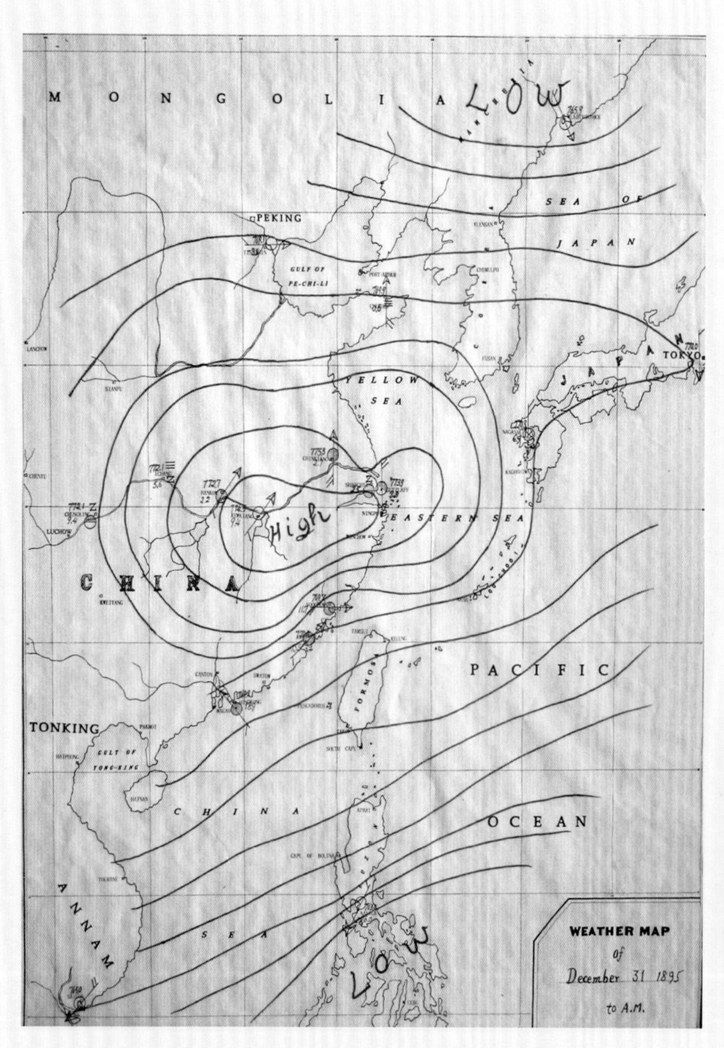

▲ 1895 年 12 月 31 日，上海徐家汇观象台绘制的天气图（CHUNGKING 观测数据）

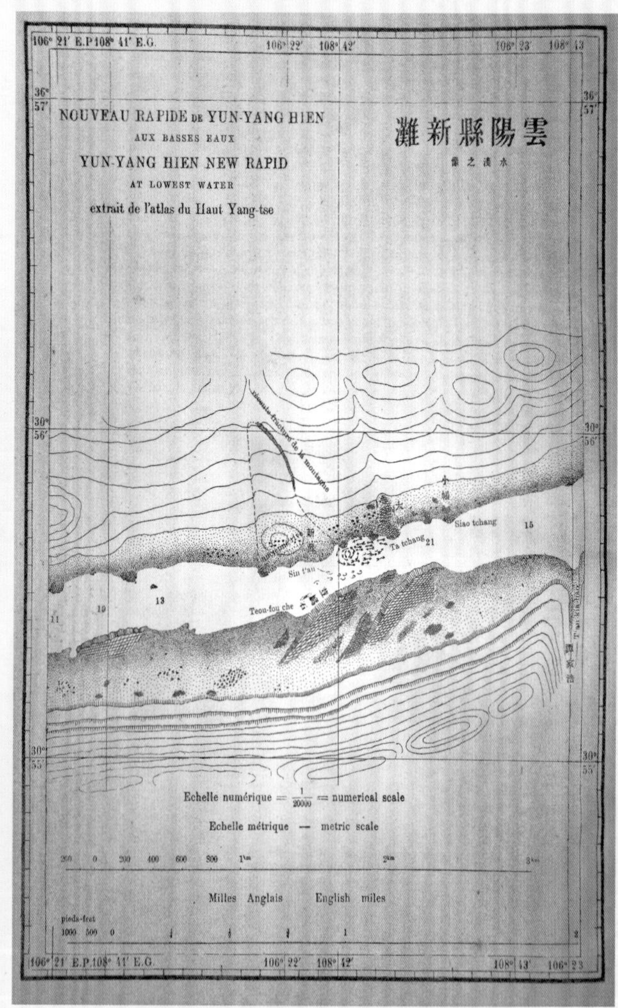

▲ 1898 年，法国天文学家 Stanislaus Chevaliev 在上海徐家汇观象台绘制的云阳县新滩长江航道图

抗战烽烟承薪火

▼ 1932年，江北县建设局测候所

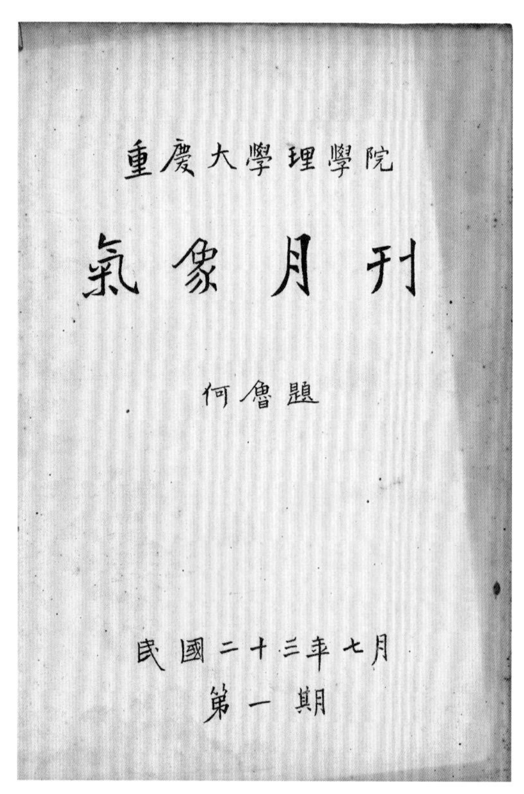
重慶大學理學院

氣象月刊

何魯題

民國二十三年七月
第一期

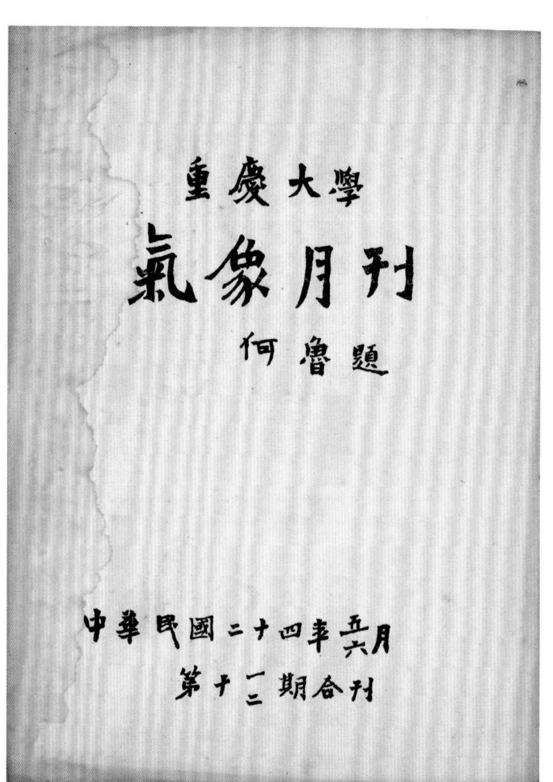
重慶大學

氣象月刊

何魯題

中華民國二十四年五六月
第十一二期合刊

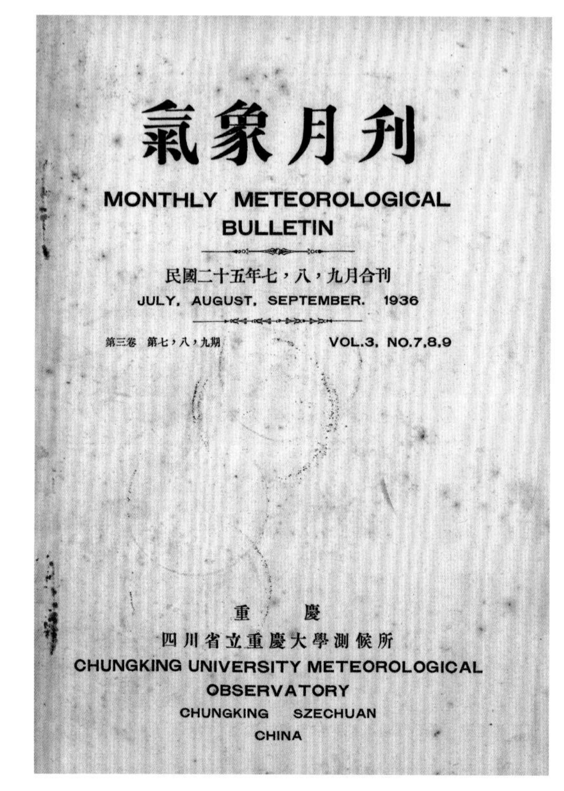
氣象月刊

MONTHLY METEOROLOGICAL BULLETIN

民國二十五年七，八，九月合刊
JULY, AUGUST, SEPTEMBER, 1936

第三卷 第七，八，九期 VOL.3, NO.7,8,9

重慶
四川省立重慶大學測候所
CHUNGKING UNIVERSITY METEOROLOGICAL OBSERVATORY
CHUNGKING SZECHUAN
CHINA

氣象月刊

MONTHLY METEOROLOGICAL BULLETIN

民國二十六年四，五，六月合刊
APRIL, MAY, JUNE, 1937

第四卷 第四，五，六期 VOL.4, NO.4,5,6.

重慶
四川省立重慶大學測候所
CHUNGKING UNIVERSITY METEOROLOGICAL OBSERVATORY
CHUNGKING SZECHUAN
CHINA

▲ 1934—1937 年，重庆大学测候所编制的《气象月刊》

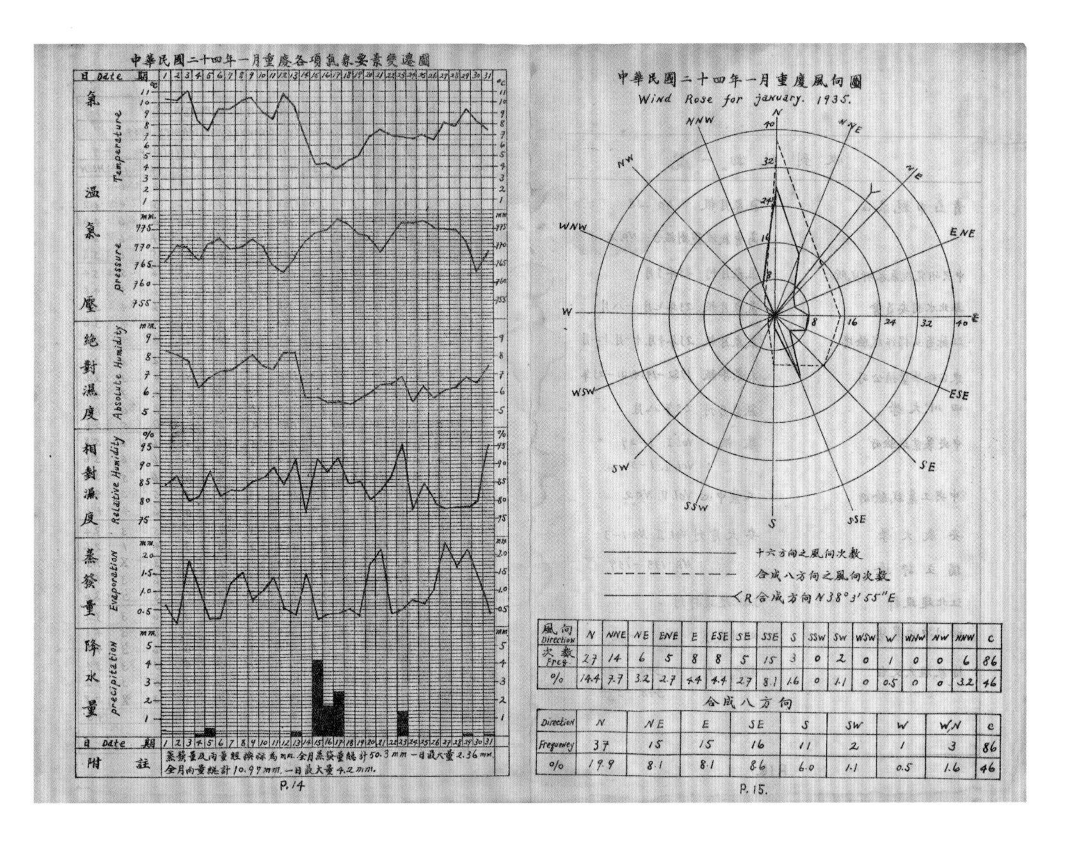

風向 Direction	N	NNE	NE	ENE	E	ESE	SE	SSE	S	SSW	SW	WSW	W	WNW	NW	NNW	C
次數 Freq.	27	14	6	5	8	8	5	15	3	0	2	0	1	0	0	6	86
%	14.4	7.7	3.2	2.7	4.4	4.4	2.7	8.1	1.6	0	1.1	0	0.5	0	0	3.2	46

合成八方向

Direction	N	NE	E	SE	S	SW	W	W,N	C
Frequency	37	15	15	16	11	2	1	3	86
%	19.9	8.1	8.1	8.6	6.0	1.1	0.5	1.6	46

中華民國二十四年七月逐日氣象要素平均表

Daily values of Meteorological Elements in the month of July. 1935.

日期	氣壓 pressure 700mm+ 最高 Max mm	最低 Min mm	較差 Range mm	平均 Mean mm	氣溫 Temperature 最高 Max ℃	最低 Min ℃	較差 Range ℃	平均 Mean ℃	濕度 Humidity 絕對 Abs.	相對 Rel. %	風 Wind 最多風向 Dir. Domin.	風速 Mean vel.	雲 Cloud 量 Amount 0-10	狀 Form	能見度 Vis 0-9	日照 Sunshine h	雨 Rainfall 量 Amount mm	時數 Dur. h	蒸發 Evap Amount mm	天象 Miscellaneous information	Days of the month
1	57.74	56.95	2.79	56.63	31.4	22.2	9.2	29.5	20.55	76.5	EN	1.5	4.8	AK. K.	6.0	11.17			9.3	[illegible]	1
2	58.19	52.75	5.42	55.72	33.0	22.5	10.5	29.2	21.91	75.0	N	2.0	2.4	C. CK. K	6.6	12.93			10.2	[illegible]	2
3	50.19	48.52	1.67	49.21	30.1	25.0	5.1	27.0	22.98	86.7	N	2.0	10.0	FK. AK. AS. NS. FS.	7.0	0.50	0.9	4.0	2.7	[illegible]	3
4	51.13	50.16	0.97	50.75	25.6	22.8	2.8	24.2	21.15	94.1	SSW	2.5	10.0	NS. FN. SK. FK.	6.0	—	19.7	λ	0.8	[illegible]	4
5	51.36	49.41	1.95	50.21	29.3	23.3	6.0	26.0	22.47	91.3	WN	2.0	10.0	NS. FN. K. FK.	5.8	2.50	4.1	2.0	0.6	[illegible]	5
6	53.67	52.36	1.31	53.20	29.0	22.2	6.8	25.7	19.41	80.8	N	2.0	8.3	AS. FS. AK. FK.	8.2	5.43			1.7	[illegible]	6
7	53.82	52.20	1.62	53.01	31.4	22.4	9.0	28.2	21.30	75.5	N	3.0	2.0	K.	6.6	11.60			9.4	[illegible]	7
8	53.83	51.57	2.56	52.77	32.3	22.4	9.9	29.0	21.87	74.7	E	3.0	0.2	AK. K.	6.4	12.80			10.2	[illegible]	8
9	53.95	50.90	3.05	52.67	34.9	23.3	11.6	30.2	23.20	73.6	E	2.0	0.3	K.	6.0	12.70			10.3	[illegible]	9
10	54.60	52.45	2.15	53.78	35.8	24.4	11.4	31.8	21.15	72.3	E	2.0	1.3	C. K.	6.4	12.40			10.5	[illegible]	10
11	56.08	52.49	3.59	54.40	35.9	26.1	9.8	32.2	24.77	69.9	E	3.0	6.3	C. CS.	7.8	9.43			13.9	[illegible]	11
12	53.87	51.92	1.45	53.00	37.2	28.9	8.8	33.6	24.65	63.9	EES	3.0	8.2	C. CS. AK.	9.0	9.43			12.2	[illegible]	12
13	54.59	53.40	1.19	53.96	33.5	27.7	5.8	29.1	25.84	85.5	WN	2.0	8.8	AK. KN. K. FK. CS. NS.	6.2	4.00	[illegible]		3.8	[illegible]	13
14	54.69	52.84	1.85	53.86	35.0	24.0	11.0	30.2	25.77	80.5	WN	3.0	8.0	NS. FN. CS. CK. C. K. AK.	6.2	10.43	1.5	1.5	8.6	[illegible]	14
15	57.10	54.89	2.12	56.16	34.2	26.1	12.1	29.6	25.39	82.5	WN	3.0	8.8	SK. CS. K. FK.	6.4	8.00			7.5	[illegible]	15
16	56.61	51.17	5.44	54.17	37.5	25.4	12.1	32.5	26.22	72.6	ES	2.0	1.4	C. CS. CK. AK. K.	7.6	12.50			14.5	[illegible]	16
17	52.50	48.58	3.92	50.79	37.0	28.9	8.1	33.6	24.80	64.2	S	2.7	0.8	C. AK. K.	8.4	13.20			14.6	[illegible]	17
18	51.05	49.14	1.91	50.25	37.6	27.2	10.4	33.4	25.96	68.6	N	2.0	3.7	AK. CS. K. FK.	6.8	11.50			12.7	[illegible]	18
19	53.61	52.20	1.41	53.07	32.8	27.1	5.7	29.2	24.17	80.1	N	2.0	8.5	NS. FN. AK. SK. CK. K. FK.	8.4	4.05	4.8	1.4	6.8	[illegible]	19
20	54.55	52.37	2.18	53.61	33.3	26.1	7.2	29.5	23.79	77.5	N	1.3	8.0	AK. SK. K. FK.	7.0	2.05			7.1	[illegible]	20
21	53.45	50.38	3.07	52.16	35.6	24.4	11.2	31.5	24.96	73.9	WN	2.0	3.5	AK. K	6.6	10.85			11.2	[illegible]	21
22	54.35	52.64	1.71	53.49	36.1	25.6	10.5	31.7	24.84	70.9	E	1.5	7.7	AK. K. CS	8.2	6.69			9.7	[illegible]	22
23	55.60	53.39	2.21	54.51	35.5	25.6	9.9	31.6	24.90	73.2	E	2.3	5.0	AK. K. FK. CS.	6.8	8.80			10.6	[illegible]	23
24	55.60	51.59	4.01	53.70	36.3	24.4	11.9	32.2	24.37	69.2	E	1.7	5.8	CK. AK. FK.	6.6	10.55			10.7	[illegible]	24
25	53.88	51.85	2.03	52.60	35.8	26.8	7.6	30.8	25.12	63.9	S	3.5	5.8	K. Nb. FK.	7.8	8.05	[illegible]		9.9	[illegible]	25
26	54.76	51.85	2.91	53.53	37.0	26.3	10.7	32.7	24.73	67.7	E	2.3	3.5	AK. CK. KN. FK.	7.8	12.90			13.8	[illegible]	26
27	54.54	50.73	3.81	52.91	38.0	26.7	11.3	34.1	25.51	65.1	E	2.7	1.3	AK. K. C.	7.6	12.95			13.4	[illegible]	27
28	53.58	49.51	3.84	51.80	38.0	27.2	10.8	34.0	25.04	63.5	S	3.0	2.4	AK. C. CS. K.	7.8	12.95			14.2	[illegible]	28
29		49.92	3.17	51.47	39.3	26.7	12.6	34.7	25.47	63.2	E	1.5	3.2	C. CS. K.	6.4	12.90			12.7	[illegible]	29
30		52.04	0.81	52.46	35.0	23.3	15.5	29.6	24.21	80.1	W	6.0	5.4	AK. K. CS. KN. NS. FN	6.4	7.20	33.4	2.5	7.7	[illegible]	30
31		50.62	3.52	52.56	35.8	24.4	11.4	31.4	24.82	73.2	WN	1.5	4.0	AK. SK. K. C.	6.2	11.65			9.9	[illegible]	31
總計	1680.55	1600.48	80.19	1644.51	1073.0	778.9	278.7	946.0	745.42	2310.0			159.2		214.0	281.87	62.4	11.4	291.2		
平均	54.21	51.63	2.59	53.05	34.5	25.13	9.3	30.5	24.05	74.5			5.13		7.0	9.09	2.0		9.4		

P.6 P.7

▼ 1937 年，南川金佛山空军测候站（保障驼峰航线）

氣象月刊

MONTHLY METEOROLOGICAL BULLETIN

民國二十六年二月

FEBRUARY.1937.

第三卷第二期　　VOL.III.NO.2

中國西部科學院農林研究所測候部

四川巴縣北碚

THE METEOROLOGICAL DEPARTMENT OF THE AGRICULTURAL STATION OF WEST CHINA SCIENCE INSTITUTE

PEPEI, PAHSIEN, SZECHUAN, CHINA

1937 年，中国西部科学院《气象月刊》

中華民國二十六年二月　　February.1937.

絕對溼度

Absolute Humidity (mm)

日期 Date	時間 Hours, 120°E. Standard Time. 3	6	9	12	14	18	21	24	平均 Mean
1	6·48	6·18	6·27	5·56	5·88	5·97	6·07	5·99	6·05
2	5·89	5·72	5·55	5·84	5·83	5·88	6·21	6·02	5·87
3	5·81	5·72	5·82	6·18	6·00	6·21	5·99	5·64	5·92
4	6·11	6·39	5·92	6·89	6·72	6·66	6·54	6·26	6·44
5	6·88	6·52	6·42	7·61	8·01	6·99	7·03	7·31	7·10
6	7·53	7·75	7·37	8·23	8·23	8·41	8·67	9·08	8·16
7	9·03	9·28	8·72	9·08	8·12	9·23	9·22	9·15	8·98
8	8·39	8·90	7·44	7·24	6·58	6·42	5·67	5·25	7·06
9	5·56	5·41	5·59	5·59	5·96	6·26	6·71	6·80	5·99
10	6·95	7·11	6·69	6·66	6·45	6·59	7·03	8·61	7·01
11	8·10	7·97	8·08	8·29	7·59	8·40	7·61	7·03	7·88
12	5·53	5·67	6·34	5·60	6·15	6·01	6·05	6·32	5·96
13	6·19	6·07	6·70	6·70	6·95	6·60	6·48	6·33	6·50
14	6·24	5·89	6·03	6·05	6·05	5·87	6·07	6·36	6·07
15	6·87	6·69	6·21	4·84	4·66	4·24	4·60	4·22	5·29
16	4·27	4·52	4·94	4·43	5·05	5·12	5·57	5·93	4·98
17	5·41	6·07	6·39	4·46	4·84	5·61	5·70	5·67	5·52
18	6·62	6·67	6·64	6·00	5·15	5·45	5·84	6·26	6·18
19	6·02	6·93	6·90	6·87	6·88	6·83	7·07	7·09	6·82
20	7·74	8·34	8·24	8·16	7·42	7·01	7·37	7·05	7·68
21	7·51	7·47	8·11	7·56	7·62	7·48	7·42	7·37	7·57
22	7·37	7·37	7·62	7·30	7·32	6·72	7·03	7·26	7·25
23	6·99	7·61	7·51	7·51	7·24	7·50	7·05	6·76	7·27
24	6·60	6·30	6·41	5·95	6·36	6·23	6·39	6·25	6·31
25	6·15	6·08	6·59	6·23	6·13	6·59	6·12	6·50	6·30
26	6·53	6·69	7·38	7·35	7·45	6·52	7·20	7·36	7·09
27	7·43	7·38	7·45	7·19	7·02	6·89	6·62	6·52	7·06
28	7·06	6·28	6·67	6·32	6·37	6·54	6·78	7·24	6·66
29									
30									
31									
平均 Mean	6·69	6·76	6·80	6·65	6·57	6·58	6·65	6·72	6·68

P. 3

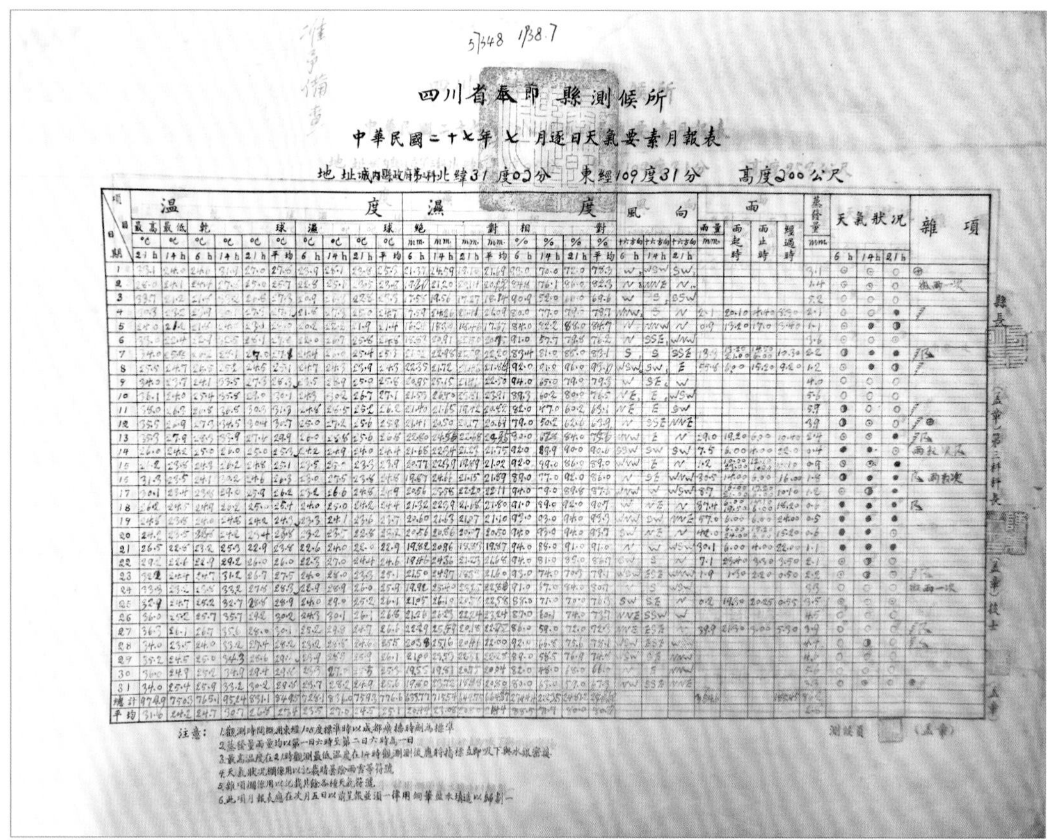

四川省奉節縣測候所

中華民國二十七年七月逐日天氣要素月報表

地址城內縣政府 北緯31度03分 東經109度31分 高度200公尺

注意：1.觀測時間概用東經105度標準時以成都廣播時刻為標準
2.蒸發量雨量均以第一日六時至第二日六時為一日
3.最高溫度在21時觀測最低溫度在14時觀測測後應將指標立即吸下與水銀密接
4.天氣狀況欄係用以記載晴曇陰雨雪等符號
5.雜項欄係用以記載其餘各種天氣符號
6.此項月報表應在次月五日以前呈報並須一律用鋼筆藍水填寫以歸劃一

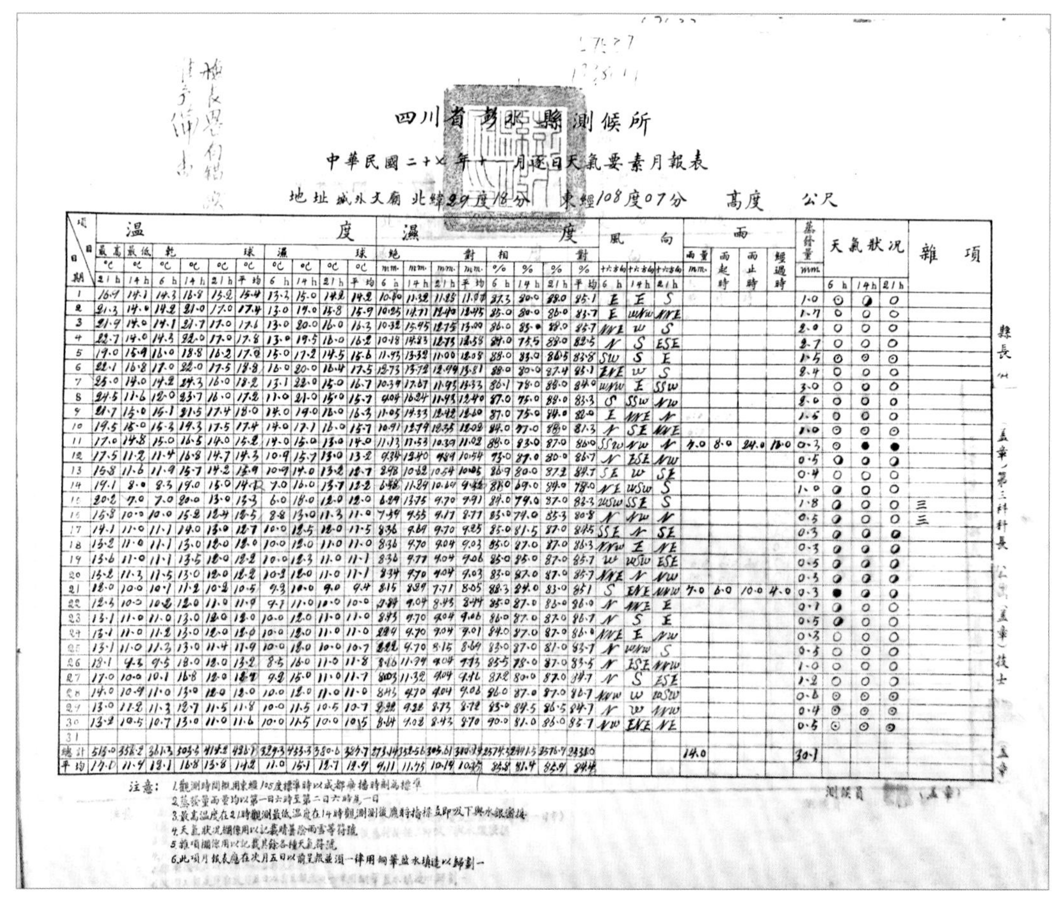

四川省彭水縣測候所

中華民國二十七年十一月逐日天氣要素月報表

地址城外文廟 北緯29度18分 東經108度07分 高度 公尺

注意：1.觀測時間概用東經105度標準時以成都廣播時刻為標準
2.蒸發量雨量均以第一日六時至第二日六時為一日
3.最高溫度在21時觀測最低溫度在14時觀測測後應將指標立即吸下與水銀密接
4.天氣狀況欄係用以記載晴曇陰雨雪等符號
5.雜項欄係用以記載其餘各種天氣符號
6.此項月報表應在次月五日以前呈報並須一律用鋼筆藍水填寫以歸劃一

▲ 1938—1940 年，奉节、彭水、石柱、巫溪测候所观测资料

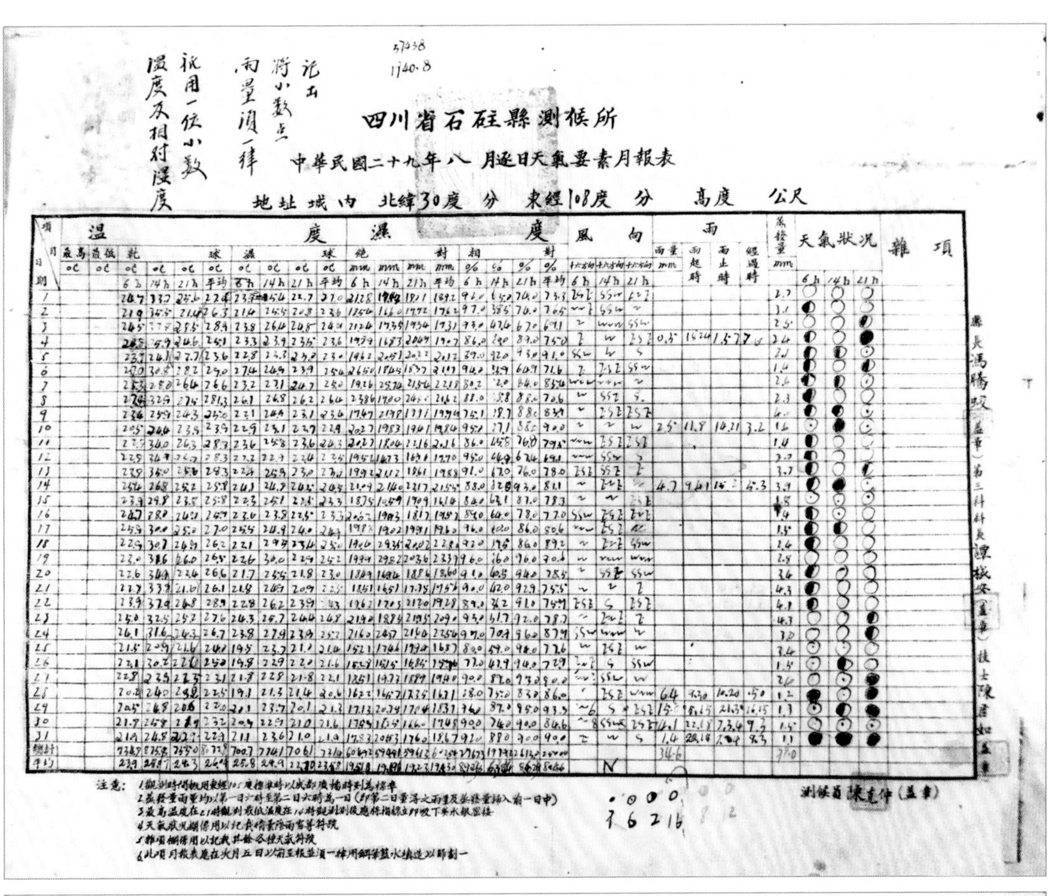

四川省石砫縣測候所

中華民國二十九年八月逐日天氣要素月報表

地址 城内 北緯30度 分 東經108度 分 高度 公尺

注意：1.觀測時間概用東經105度標準時以成都癈播時刻為標準
2.蒸發量雨量均以第一日六時至第二日六時為一日（即第二日量得之雨量及蒸發量歸入前一日中）
3.最高温度在21時觀測最低温度在14時觀測後應將指標立即吸下與水銀密接
4.天氣狀況欄係用以記載晴曇陰雨雪等符號
5.雜項欄係用以記載其餘各種天氣符號
6.此項月報表應在次月五日以前呈報並須一律用鋼筆藍水填造以昭劃一

測候員 陳克仲（蓋章）

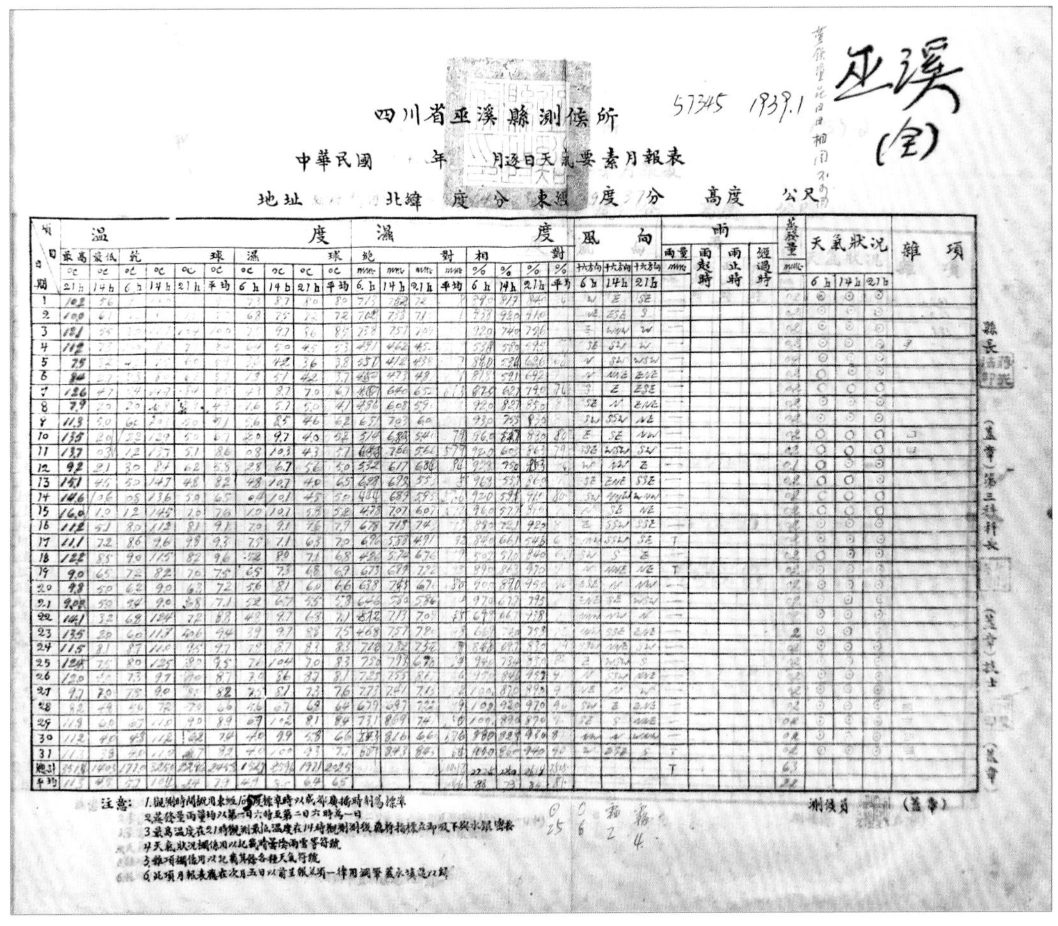

四川省巫溪縣測候所

中華民國 年 月逐日天氣要素月報表

地址 北緯 度 分 東經 度 分 高度 公尺

注意：1.觀測時間概用東經105度標準時以成都癈播時刻為標準
2.蒸發量雨量均以第一日六時至第二日六時為一日
3.最高温度在21時觀測最低温度在14時觀測後應將指標立即吸下與水銀密接
4.天氣狀況欄係用以記載晴曇陰雨雪等符號
5.雜項欄係用以記載其餘各種天氣符號
6.此項月報表應在次月五日以前呈報並須一律用鋼筆藍水填造以昭劃一

測候員 （蓋章）

中央研究院气象研究所 1937 年 9 月由南京迁至汉口，1938 年 1 月由汉口迁至重庆曾家岩颖庐，1939 年 7 月迁至北碚张家沱，1940 年 12 月迁至北碚水井湾象山，1946 年 5 月迁回南京北极阁

▲ 中央研究院气象研究所在重庆的办公处曾家岩颖庐（竺可桢 1938 年 4 月摄）

北碚水井湾象山（李约瑟 1943 年 4 月摄）

中央研究院气象研究所在渝期间负责人

▲ 竺可桢，所长，1928—1946 年

▲ 吕炯，代理所长，1936—1943 年

▲ 郑子政，代理所长，1943—1944 年

▲ 赵九章，代理所长，1944—1946 年；所长，1947—1949 年

中央研究院气象研究所在渝期间研究人员

◀ 涂长望，1938—1939 年任中央研究院气象研究所专任研究员

◀ 叶笃正，1943—1945 年任中央研究院气象研究所助理研究员

◀ 陶诗言，1944—1949 年任中央研究院气象研究所助理研究员

涂长望等在重庆珊瑚坝机场迎接竺可桢（1938 年 4 月 16 日摄，左起：胡焕庸、竺可桢、吕炯、程纯枢、涂长望）

1940 年，北碚张家沱竺可桢寓所

1941—1943 年，竺可桢日记本

1941 年 3 月，中央研究院第二届评议会第一次会议在重庆召开（第二排左二为竺可桢）

▲ 1941 年 10 月，中央气象局在重庆沙坪坝正式成立并联合重庆大学设立测候所（地址位于现沙坪坝区气象局）

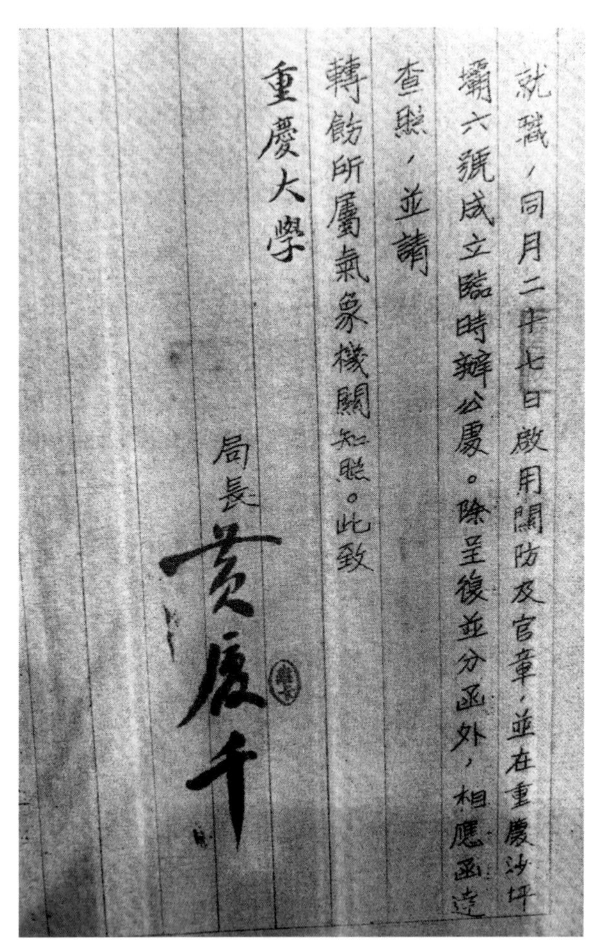

中央氣象局 公函

字第 號

三〇渝局函通字第〇〇〇〇一號

年 月 日 時到

案奉

行政院訓令勇拾字第一六一五二號內開：「茲派該員為中央氣象局局長，合行抄發組織規程，檢發派狀令仰遵照。此令。」又訓令勇拾字第一六九一一號內開：「茲刊發該局木質關防一顆，文曰『中央氣象局關防』；角質官章一顆，文曰『中央氣象局長』，合行令仰遵照領用，並將啟用日期暨印模呈報備查。此令。」各等因；並附發中央氣象局組織規程一份，派狀一件，木質關防及角質官章各一顆下局，奉此，厦千遵於十月二十日就職，同月二十七日啟用關防及官章，並在重慶沙坪壩六號成立臨時辦公處。除呈復並分函外，相應函達查照，並請

轉飭所屬氣象機關知照。此致

重慶大學

局長 黄厦千

黄厦千任中央气象局首任局长（1941 年 10 月—1943 年 4 月）

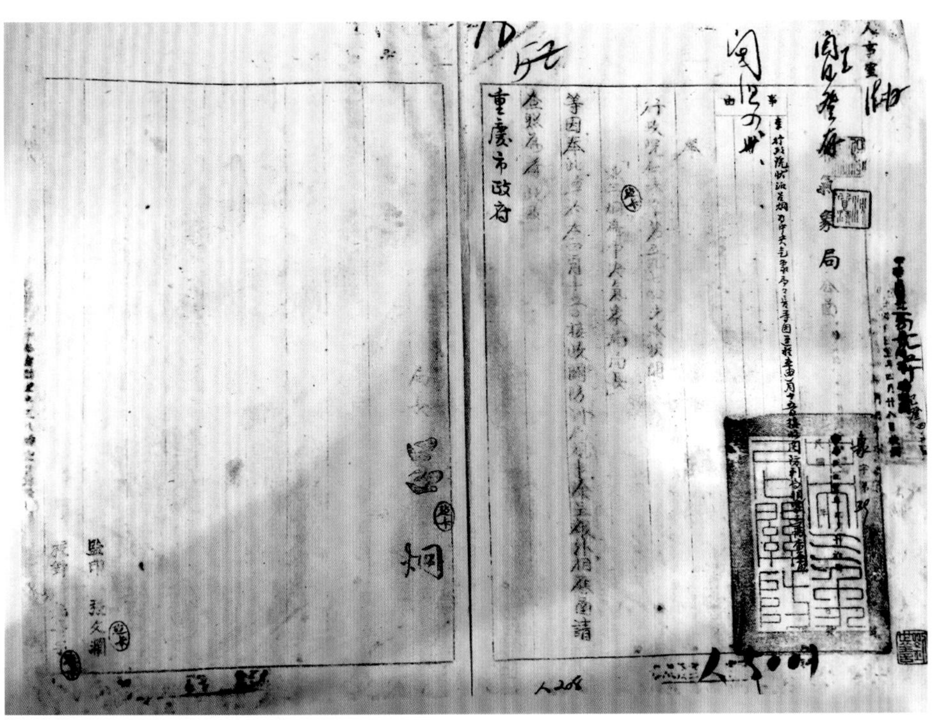

◀ 吕炯任中央气象局第二任局长（1943 年 4 月—1949 年）

▼ 民国时期重庆气象机构及其变动情况

系统	机构名称	设立时间	变动情况
中央气象局	酉阳测候所	1942年5月	1950年1月由人民政府接管
	奉节测候所	1942年8月	1947年1月并入四川省气象所
	中央气象局测候科	1943年1月	1946年5月改设沙坪坝测候所
	彭水测候所	1944年2月	1949年11月24日由人民政府接管
	涪陵测候所	1944年2月	1947年并入四川省气象所
	沙坪坝测候所	1946年5月	1948年1月扩建为重庆气象台
	北碚测候所	1946年9月	1950年1月20日由解放军军管会接管
	重庆气象台	1948年1月	1950年1月20日由解放军军管会接管
航委会（空军）	梁山测候台	1938年冬	1949年冬停止工作
	航委会气象总台	1939年1月	1946年8月迁往南京
	白市驿气象区台	1940年8月	1949年11月30日停止工作
	中美空军混合团司令部气象室	1941年12月	1944年末迁往湖南芷江
	空军第五气象大队	1947年2月	1949年11月停止工作
科研	中心农试场（磁器口）测候所	1934年8月	1936年7月停止工作
	中国西部科学院测候所	1935年1月	1946年5月并入中央气象研究所北碚测候所
	江津园艺站测候所	1937年冬	1949年11月停止工作
	中央气象研究所曾家岩测候所	1938年7月	1939年5月停止工作
	中央气象研究所北碚测候所	1940年1月	1946年9月并入国民政府中央气象局
	中央气象研究所北碚缙云山测候分所	1940年1月	1946年并入中央气象研究所北碚测候所
教育	重庆大学测候所	1934年7月1日	1941年10月与国民政府中央气象局合办，1943年1月迁往国民政府中央气象局驻地（现沙坪坝区气象局）
	四川水产学校测候所	1944年12月	1947年1月改属四川气象所
中（民）航	珊瑚坝机场气象站	1942年2月	1949年11月停止工作
	白市驿机场气象站	1945年10月	1949年11月停止工作
英国	重庆海关测候所	1891年5月	1949年11月停止工作
法国	忠州天主教堂测候站	1924年	1928年底停止工作
中美合作	钟家山气象台	1943年5月	1946年6月改属国防部二厅，1947年6月改属国民政府中央气象局，1949年8月并入重庆气象台

求索篇（1949—1997 年）

风云激荡化春雨
峥嵘岁月立基本

风云激荡化春雨

▲ 1950 年元旦，气象台工作人员手举探空气球参加重庆解放庆典游行

▲ 1954 年，重庆气象台预报员学习班结业纪念

机构名称	起止时间	管理
重庆气象台	1948年1月—1953年12月	1950年1月由解放军接管
重庆预报台	1953年12月—1954年9月	7个区县气象站
四川省重庆气象台	1954年9月—1958年8月	
重庆市气象台	1958年8月—1959年6月	
重庆市水文气象台	1959年6月—1964年10月	
四川省重庆市气象台	1964年10月—1971年2月	
重庆市气象局	1971年2月—1983年4月	
重庆气象局	1983年4月—1986年8月	16个区县气象站
重庆市气象局（计划单列）	1986年8月—1997年6月	16个区县气象局
重庆市气象局（直辖）	1997年6月—	34个区县气象局

▲ 新中国成立后重庆气象机构演变情况

最　高　指　示

历史的经验值得注意。一个路线，一种观点，要经常讲，反复讲。只给少数人讲不行，要使广大革命群众都知道。

我们的权力是谁给的？是工人阶级给的，是贫下中农给的，是占人口百分之九十以上的广大劳动群众给的。我们代表了无产阶级，代表了人民群众，打倒了人民的敌人，人民就拥护我们。共产党基本的一条，就是直接依靠广大革命人民群众。

重庆市沙坪坝区革命委员会
中国人民解放军驻渝部队沙坪坝区支左办公室
关于同意建立四川省重庆市气象台革命委员会的批示

沙（68）批字第560号

重庆市沙坪坝区革命委员会、中国人民解放军驻渝部队沙坪坝区支左办公室经过研究决定，同意建立四川省重庆市气象台革命委员会。四川省重庆市气象台革命委员会由：杨福年、柯昌荣、谭怀轩、陈舜贤、李跃华等五位同志组成，并由杨福年担任主任，柯昌荣同志任付主任，李跃华同志担任民兵代表。

沙坪坝区革命委员会
沙坪坝区支左办公室
一九六八年十二月十三日

主送：四川省重庆市气象台
报送：市革委、警备区
抄送：军分区、〇〇一三部队、沙区革委会各组、沙区支左办公室

▲ 1968 年，建立四川省重庆市气象台革命委员会

四川省重庆市革命委员会
中国人民解放军重庆警备区 文件

市革㊗发（1973）第 70 号

重庆市革命委员会、重庆警备区关于调整
气象部门体制的通知

各区、县革命委员会，各区、县人武部：

根据国务院、中央军委国发〔1973〕61号文件，《关于调整气象部门体制的通知》精神，以及四川省革命委员会、四川省军区川革发〔1973〕83号、132号文件规定，现将我市气象部门体制调整的有关问题通知如下：

一、气象局于一九七三年十二月十八日起归市革命委员会建制领导，配局长、付局长，实行两级制，下设科、室。市气象局负责对本市气象部门实行业务管理、指导；局内设气象台，开展气象服务工作，发播天气预报。

二、区、县气象站归区、县革命委员会建制领导，属区、县科（局）级单位，配站长、付站长。各区、县接此通知后，应尽快妥善办理交接手续。

三、市气象局和区、县气象站人员编制数仍按省革委、省军区川

·1·

▲ 1973 年，重庆气象部门体制调整

重庆市气象局

重气发〔1986〕办字第90号

重庆市气象局
关于启用“重庆市气象局”新印章的通知

各区、县人民政府，市级各有关单位：

根据重庆市人民政府一九八六年八月十一日重府发〔1986〕202号文件、四川省气象局一九八六年八月十三日川气发〔1986〕人174号文件，我局名称由重庆气象局更名为重庆市气象局。自即日起启用“重庆市气象局”新印鉴。原“重庆气象局”旧印鉴即告作废。

旧印模　新印模

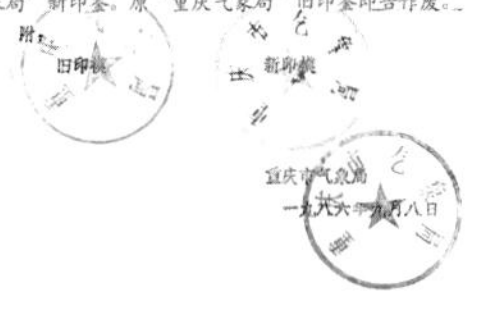

重庆市气象局
一九八六年九月八日

抄送：国家气象局、四川省气象局、市委、市人大、市政协、市府办公厅

▲ 1986 年，启用“重庆市气象局”（计划单列市）新印章

中国气象局　重庆市人民政府
关于设立重庆市气象局的协议

根据八届全国人大五次会议关于批准设立重庆直辖市的决定精神，为适应重庆市经济建设和社会发展的需要，中国气象局和重庆市人民政府就设立重庆市气象局有关问题，经过充分协商达成如下协议：

一、撤销原重庆计划单列市气象局，设立重庆直辖市气象局（简称重庆市气象局）。

二、新设立的重庆市气象局为正厅级机构。实行以中国气象局和重庆市人民政府双重管理，以中国气象局管理为主的领导管理体制。经市政府授权，行使本地区气象工作的政府行政管理职能。其机构、人员编制由中国气象局按有关规定报中央编委审核确定。

三、经协商，中国气象局和重庆市人民政府对重庆市气象局管理的任务分工如下：

（一）中国气象局主管的事项

1、根据全国气象事业发展规划和重庆市社会经济发展的需要，审定重庆市气象事业发展规划，并在实施过程中给予业务技术指导；

2、监督检查重庆市气象局贯彻执行全国气象工作方针、政策及完成所负担的国家及区域气象工作任务；

3、对重庆市气象业务技术进行管理和指导，提出气象探测、通信、资料加工处理、产品分发和服务等领域的设备布局原则、技术路线和标准；

4、重庆市气象局局级领导干部的选配，在征得重庆市同意后，由中国气象局任命；

▲ 1997 年 6 月 6 日，中国气象局和重庆市人民政府关于设立重庆直辖市气象局的协议

4.气象卫星通讯综合业务系统（9210工程）建设在原项目计划中由地级系统改按省级标准建设；所增加的投资为400万元，中国气象局和重庆市人民政府1:1的比例分担；

5.重庆市灾害性天气预警系统项目建设属地方气象事业，经论证后由重庆市人民政府纳入重庆市“九五”发展计划，并承担基本建设投入及运行业务经费。中国气象局负责业务技术指导，并尽力给予经费支持；

6.为适应重庆市地方气象事业发展的需要，应调整重庆市人工降雨防雹办公室，增加一定编制和经费。同时拟设置重庆市农业气象中心、重庆市防雷减灾中心，其人员编制、事业经费由重庆市人民政府根据实际需要核定解决；有关业务技术人员、办公地点、设备等由中国气象局调配解决。

以上各项从一九九七年六月六日开始实行。

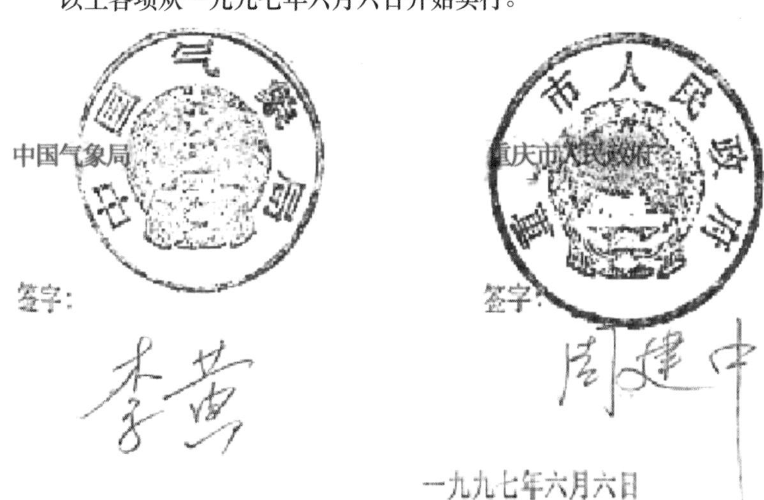
中国气象局

签字：李黄

重庆市人民政府

签字：周建中

一九九七年六月六日

峥嵘岁月立基本

▲ 701 型测风雷达天线（1987 年）

◀ 713 型天气雷达天线（1988 年）

▲ 713 型天气雷达主控室（1988 年）

重庆市气象台发报房（1993 年）▶

利用甚高频电话发送天气警报 ▶
（20 世纪 80 年代）

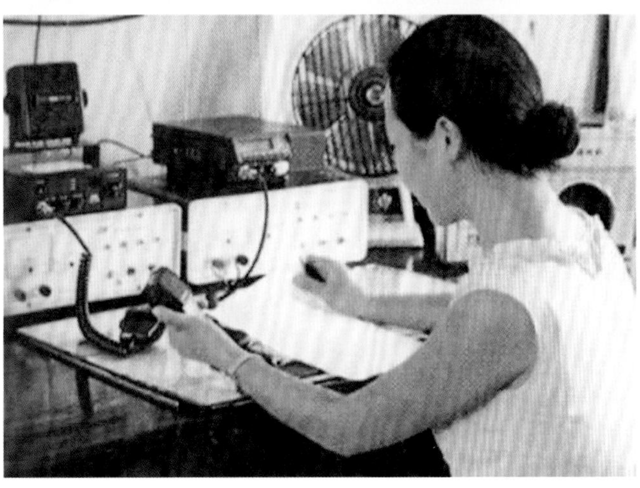

▲ 重庆市人工降雨指挥中心（1992 年）

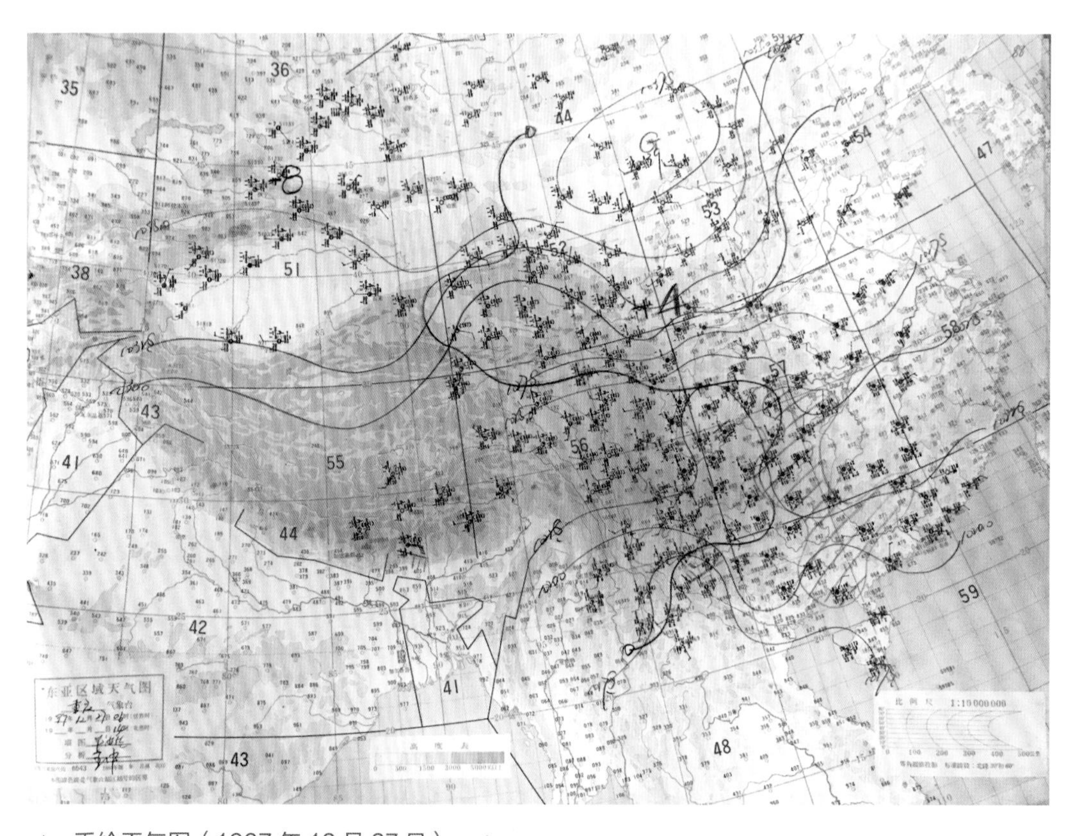

▲ 手绘天气图（1997 年 12 月 27 日）

1975 年，北碚大磨滩小学红领巾气象站成立

▲ 小哨兵开展气象观测

重庆市北碚区大磨滩小学校少年先锋队气象哨　　重庆市农村气象记录月报表

哨名：　　一九七九年二月　　详细地址：磨滩 公社 互援 大队 墙垣 生产队

日期	气温 08时	气温 14时	气温 20时	气温 合计	气温 平均	气温 最高	气温 最低	绝对湿度 08时	绝对湿度 14时	绝对湿度 20时	绝对湿度 合计	绝对湿度 平均	相对湿度 08时	相对湿度 14时	相对湿度 20时	相对湿度 合计	相对湿度 平均	降水量 08时	降水量 20时	降水量 合计	风 08时 向	风 08时 速	风 14时 向	风 14时 速	风 20时 向	风 20时 速	风速 合计	风速 平均	天气现象
1	0.4	10.3	8.4	19.1	6.4	12.0	0.4	6.3	7.4	7.7	21.4	7.1	100	59	70	229	76				C	0	C	0	C	0			═ ⊔ [illegible]
2	5.8	7.6	6.3	19.7	6.6	9.2	5.8	8.1	7.8	8.0	23.9	8.0	88	75	84	247	82	0.1		0.1	C	0	NE	4	C	0	4	1.3	═
3	4.4	8.7	7.1	20.2	6.7	9.3	4.4	7.8	8.7	8.5	25.0	8.3	93	77	84	254	85	1.2		1.2	C	0	C	0	C	0			
4	5.8	8.3	8.1	22.2	7.4	9.0	5.8	8.9	8.7	9.3	26.9	9.0	97	80	86	263	88	0.0		0.0	C	0	C	0	C	0			═
5	6.6	12.3	9.3	28.2	9.4	13.3	6.6	9.4	9.5	9.2	28.1	9.4	97	66	79	242	81				C	0	C	0	C	0			═
6	3.4	13.8	10.5	27.7	9.2	15.4	3.4	7.8	9.7	10.3	27.8	9.3	100	62	81	243	81				C	0	C	0	C	0			浓雾
7	3.4	15.4	11.6	30.4	10.1	16.0	3.2	7.8	10.0	8.3	26.1	8.7	100	57	61	218	73				C	0	SE	2	NE	2	4	1.3	浓雾
8	8.4	9.9	9.3	27.6	9.2	11.6	8.1	10.1	10.8	11.2	32.1	10.7	92	88	96	276	92		0.0	0.0	C	0	C	0	C	0			═
9	8.5	9.7	9.4	27.6	9.2	10.0	8.4	10.3	11.2	11.3	32.8	10.9	93	93	96	282	94	0.1	0.1	0.2	C	0	C	0	C	0			═
10	7.9	14.9	11.5	34.3	11.4	15.1	7.9	10.5	10.9	10.8	32.2	10.7	99	64	79	242	81				C	0	C	0	C	0			浓雾
上旬	54.6	110.9	91.5	257.0	85.6	120.9	53.9	87.0	94.7	94.6	276.3	92.1	959	721	816	2496	833	1.4	0.1	1.5	—	0	—	6	—	2	8	26	
11	6.1	16.9	13.9	36.9	12.3	17.2	5.7	9.3	10.8	11.7	31.8	10.6	98	56	73	227	76				C	0	C	0	C	0			浓雾
12	6.2	11.0	10.1	27.3	9.1	14.9	6.1	9.2	11.6	11.2	32.0	10.7	97	89	91	277	92	0.0═	0.0	0.0	C	0	C	0	C	0			═
13	4.8	18.3	14.1	37.2	12.4	18.7	3.2	7.8	12.9	12.7	33.4	11.1	90	61	79	230	77	0.2≡		0.2≡	C	0	C	0	C	0			浓雾
14	10.2	17.2	14.5	41.9	14.0	19.9	10.1	11.8	13.3	13.1	38.2	12.7	95	68	79	242	81				C	0	C	0	C	0			═
15	8.4	19.1	17.1	44.6	14.9	20.6	8.3	10.9	14.2	12.8	37.9	12.6	99	64	66	229	76	0.0═		0.0═	C	0	SW	2	C	0	2	0.7	═
16	7.7	20.8	15.3	43.8	14.6	21.7	7.6	10.4	13.6	14.2	38.2	12.7	99	55	82	236	79				C	0	C	0	C	0			═
17	10.7	21.8	18.7	51.2	17.1	22.2	10.6	12.4	11.7	14.9	39.0	13.0	96	45	69	210	70	0.0		0.0	C	0	C	0	NE	2	2	0.7	═
18	13.9	15.1	14.7	43.7	14.6	18.7	13.8	15.2	16.2	15.8	47.2	15.7	95	94	94	283	94	5.5	5.3	10.8	NE	4	C	0	C	0	4	1.3	═
19	12.7	19.7	17.8	50.2	16.7	21.5	12.5	14.7	15.6	15.0	45.3	15.1	100	68	74	242	81	0.1		0.1	C	0	C	0	C	0			═
20	13.7	16.7	16.3	46.7	15.6	18.1	12.7	15.3	16.1	16.0	47.4	15.8	98	85	86	269	90				C	0	C	0	C	0			═
中旬	944	1766	1525	4235	1413	1935	906	1179	1360	1374	3904	1300	967	685	793	2445	816	58	53	111	—	4	—	2	—	2	8	27	
21	14.5	21.9	17.9	54.3	18.1	22.7	14.4	16.3	18.2	16.7	51.2	17.1	99	69	81	249	83				C	0	C	0	C	0			═
22	13.6	23.1	18.1	54.8	18.3	23.7	13.5	15.4	17.9	16.5	49.8	16.6	99	63	79	241	80				C	0	C	0	C	0			═
23	13.7	20.4	18.3	52.4	17.5	20.7	13.2	10.6	15.3	14.8	40.7	13.6	68	64	70	202	67				NE	5	C	0	C	0	5	1.7	
24	14.1	12.5	10.7	37.3	12.4	18.6	10.6	10.3	11.9	11.4	33.6	11.2	64	82	89	235	78		0.2	0.2	E	5	N	2	NE	2	9	3.0	
25	8.1	9.9	9.5	27.5	9.2	11.0	8.1	8.6	8.9	9.8	27.3	9.1	79	73	83	235	78	1.2	0.1	1.3	NE	2	C	0	C	0	2	0.7	
26	4.2	14.1	10.7	29.0	9.7	15.2	3.7	8.2	9.7	10.0	27.9	9.3	100	60	77	237	79	0.3≡		0.3≡	C	0	C	0	C	0			
27	7.5	15.8	12.7	36.0	12.0	17.7	6.3	9.9	10.0	10.6	30.5	10.2	96	56	72	224	75				C	0	NW	2	C	0	2	0.7	浓雾
28	9.7	15.0	14.9	39.6	13.2	16.4	8.3	11.4	11.0	7.4	29.8	9.9	95	64	44	203	68	0.0		0.0	C	0	E	4	E	6	10	3.3	═
29																													
30																													
31																													
下旬计	854	1327	1128	3309	1104	1460	781	907	1029	972	2908	970	700	531	595	1826	608	15	03	18	—	12	—	8	—	8	28	94	
下旬平均	10.7	16.8	14.1	41.7	13.8	18.3	9.8	11.3	12.9	12.2	36.4	12.1	88	66	74	228	76												
月计	2344	4202	3568	10114	3373	4604	2226	2947	3336	3292	9575	3191	2626	1837	2204	6767	2257	87	57	144	—	16	—	16	—	12	44	147	
月平均	8.4	15.0	12.7	36.1	12.0	16.4	8.0	10.5	11.9	11.8	34.2	11.4	94	69	79	242	81												

初作 程孟岳　　校对　　审核　　38

▲ 观测记录

夯基篇（1997—2009年）

而今迈步从头越
踔厉奋发竞朝夕

而今迈步从头越

▲ 1997 年 12 月 27 日，时任中国气象局名誉局长邹竞蒙（前右二）和时任重庆市政府副市长陈光国（左一）共同为重庆市气象局揭牌

重庆市人民政府文件

渝府发〔2006〕144号

重庆市人民政府
关于加快气象事业发展的决定

各区县（自治县、市）人民政府，市政府各部门：

直辖以来，我市气象事业迅速发展，科学技术水平不断提高，在气象灾害预警预测、人工增雨、防雹救灾、保障我市经济社会可持续发展等方面作出了较大贡献。但是，也还存在一些亟需解决的问题，如综合气象观测系统尚未形成、气象灾害预警发布体系亟待完善、重大自然灾害和突发性公共事件的应急响应及气象服务能力不强、气候资源开发利用的意识和能力有待提高等。为了进一步发挥气象综合保障作用，更好地为我市经济社会发展服务，根据《国务院关于加快气象事业发展的若干意见》（国发〔2006〕3号）精神，现结合我市实际，作出如下决定：

— 1 —

▲ 2006年，重庆市政府印发《关于加快气象事业发展的决定》

重庆市人民政府办公厅电子公文

渝办发〔2008〕1号

重庆市人民政府办公厅
关于进一步加强气象灾害防御工作的意见

各区县（自治县）人民政府，市政府各部门，有关单位：

近年来，我市气象灾害发生频率明显加大，极端气候灾害显著增多，气象灾害损失占全市GDP的3%，气象防灾减灾能力与经济社会发展和人民福祉安康需求不相适应的矛盾越来越突出。为深入贯彻落实科学发展观，进一步强化气象防灾减灾工作，最大程度减轻灾害损失，确保人民群众生命财产安全，根据《国务院办公厅关于进一步加强气象灾害防御工作的意见》（国办发〔2007〕49号）和全国气象防灾减灾会议精神，经市政府同意，结合我市实际，对进一步加强我市气象灾害防御工作提出如下意见：

— 1 —

▲ 2008年，重庆市政府办公厅印发《关于进一步加强气象灾害防御工作的意见》

踔厉奋发竞朝夕

▶ 1. 观测

▲ 2007 年，建成黔江新一代天气雷达站

▲ 奉节地面气象观测站

▲ 沙坪坝高空气象观测站

▶ 2. 预报

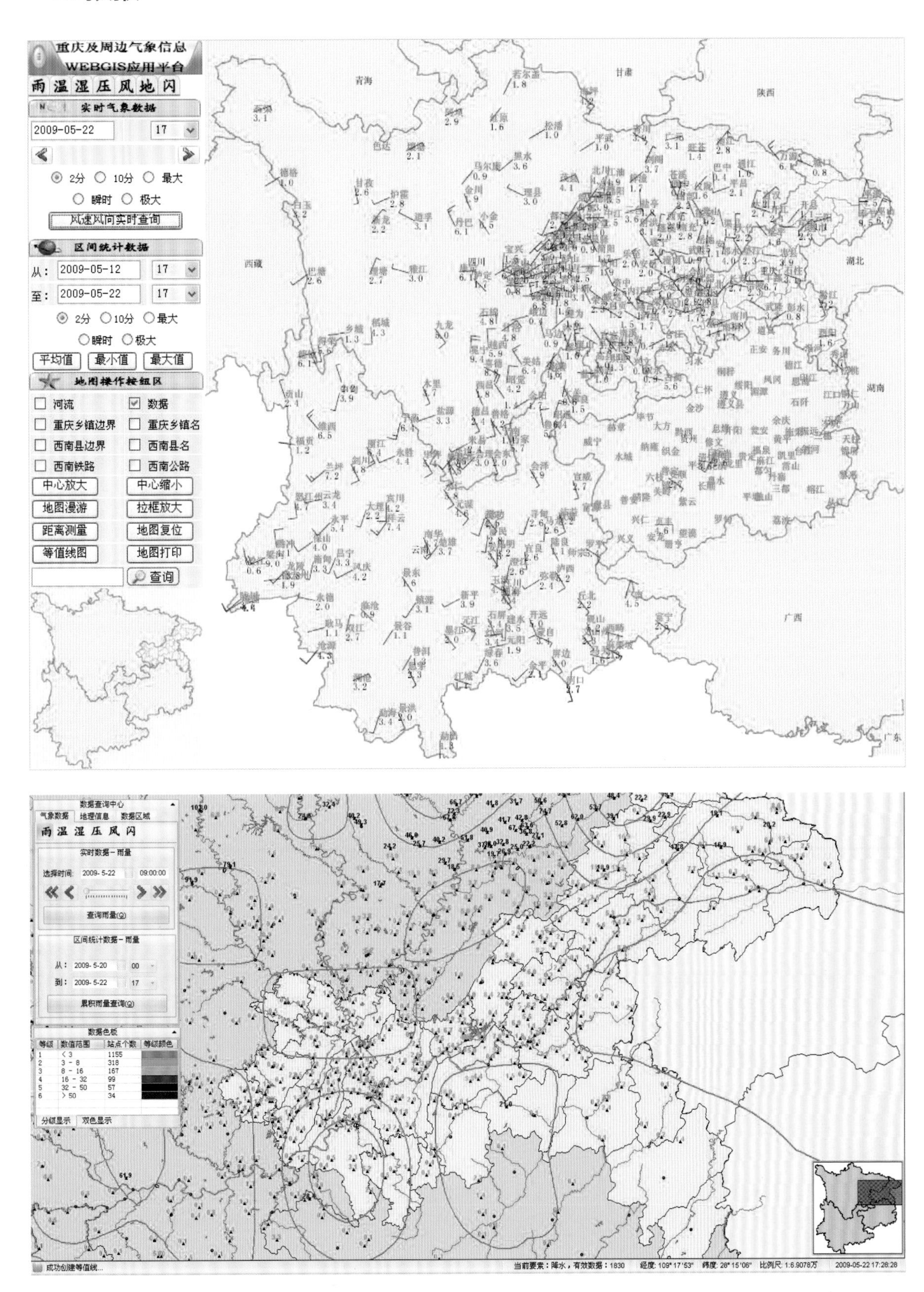

▲ 西南区域综合应用平台

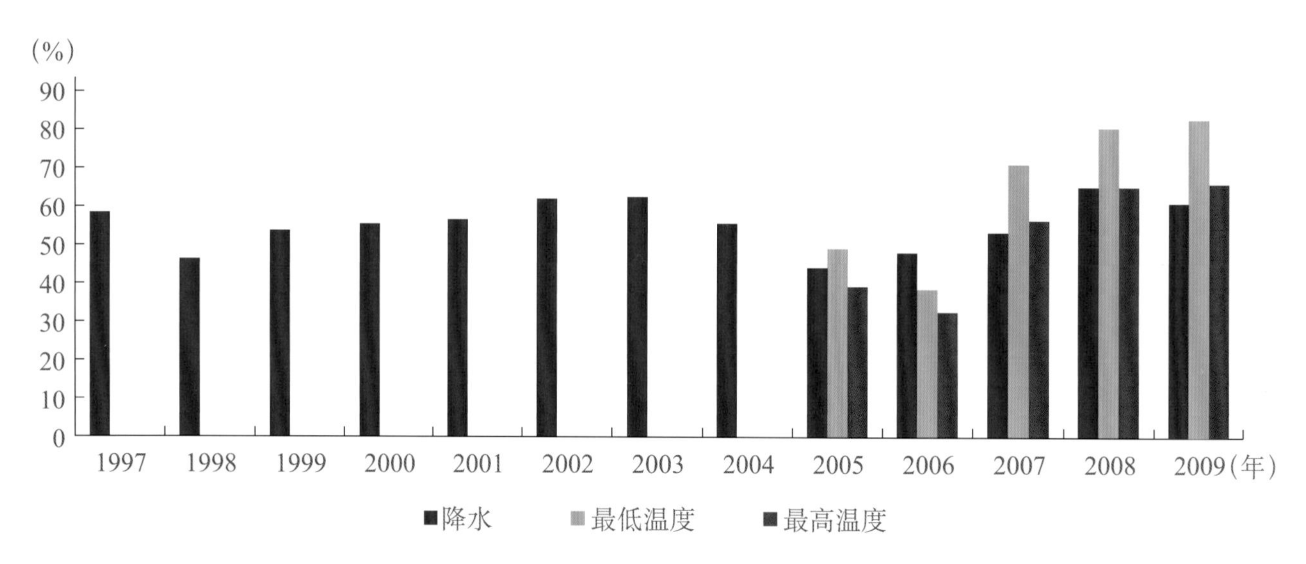

▲ 重庆市 24 小时天气预报准确率（1997—2009 年）

▶ 3. 服务

▲ 天原化工厂氯气泄漏应急气象保障（2004 年）

重庆市抗旱救灾工作先进集体和先进个人（2006 年）▲

重庆市气候变化公报（2008 年）▶

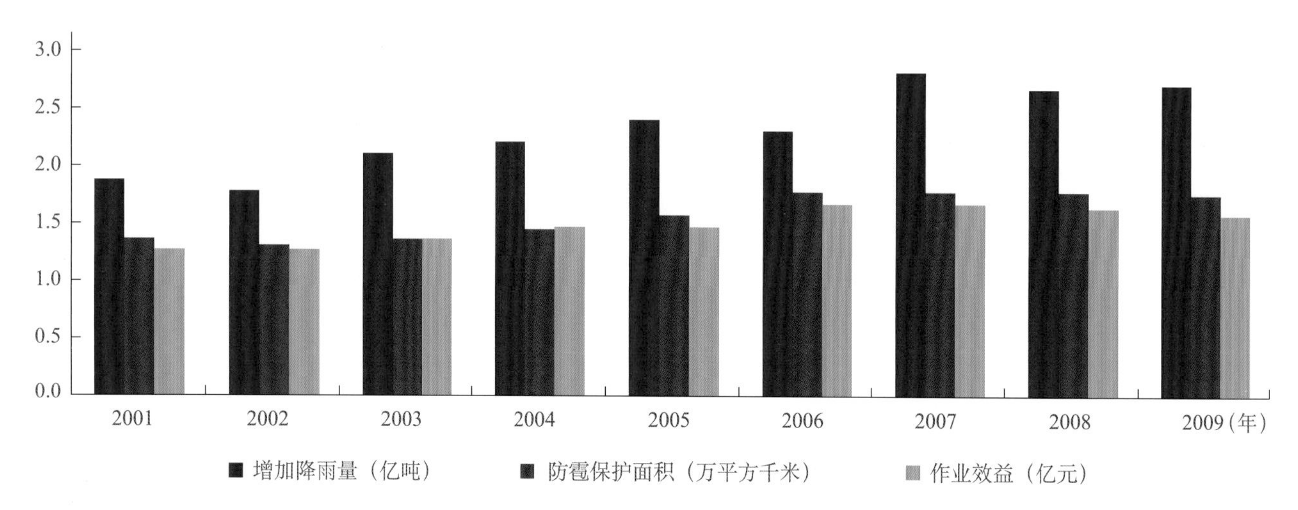

▲ 重庆市人工影响天气作业效益（2001—2009 年）

▶ 4. 科技人才

▲ 2003 年，建立首家省级气象部门博士后科研工作站

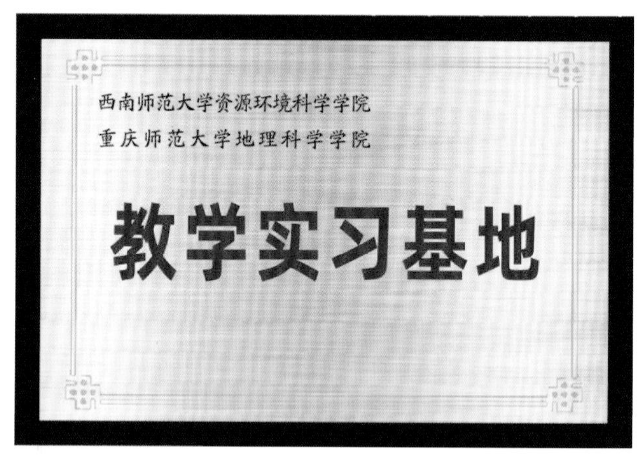

▲ 2004 年，建立高校教学实习基地

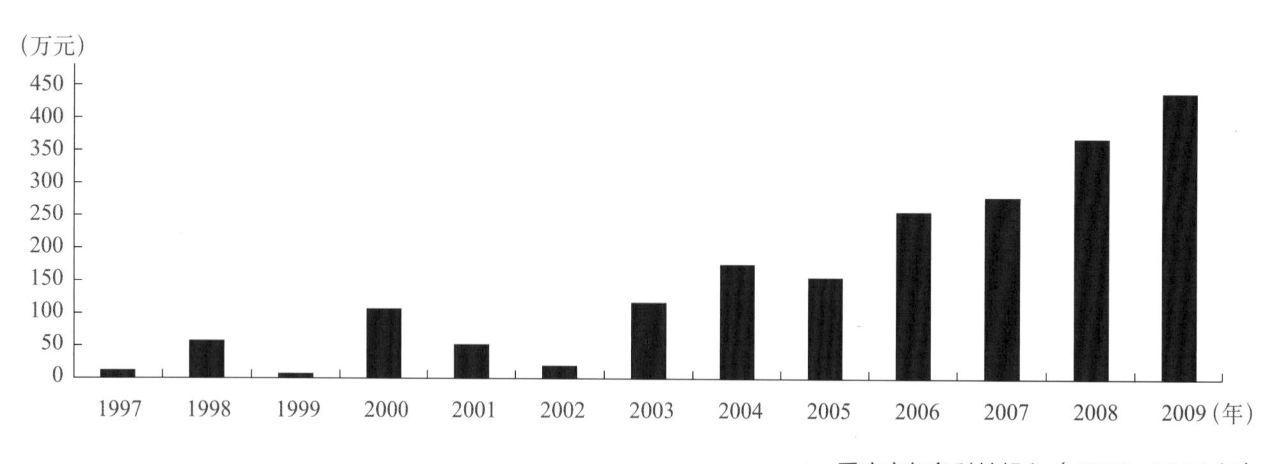

▲ 重庆市气象科技投入（1997—2009 年）

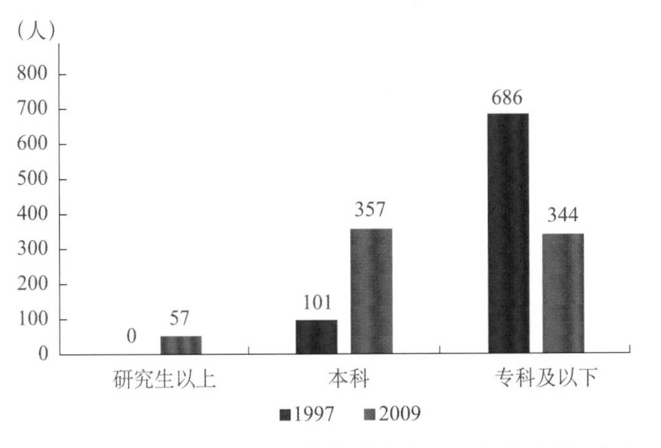

▲ 重庆市气象局职工学历结构对比（1997 年和 2009 年）

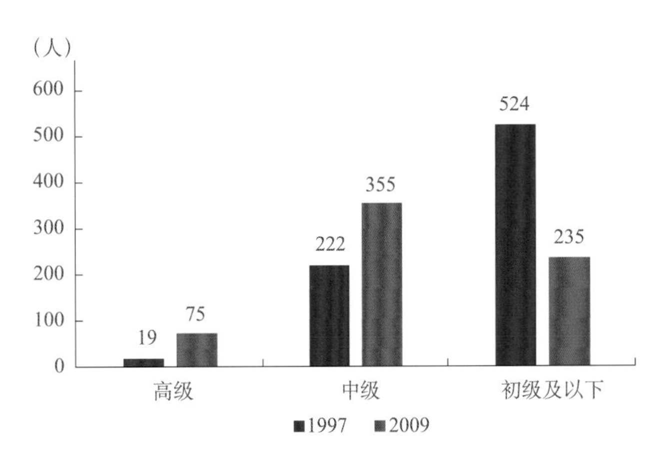

▲ 重庆市气象局职工职称结构对比（1997 年和 2009 年）

▶ 5. 管理

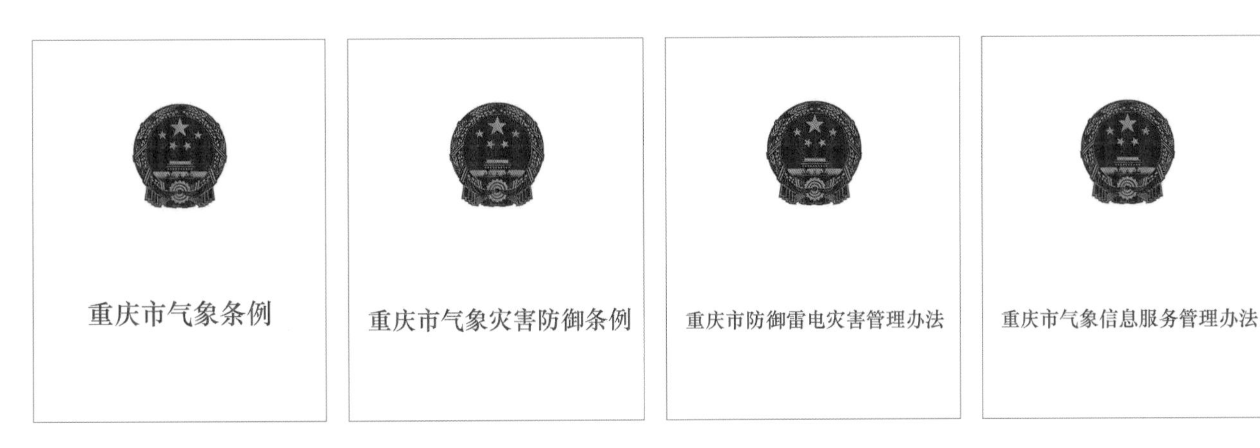

▲ 地方气象法规体系

▶ 6. 党建

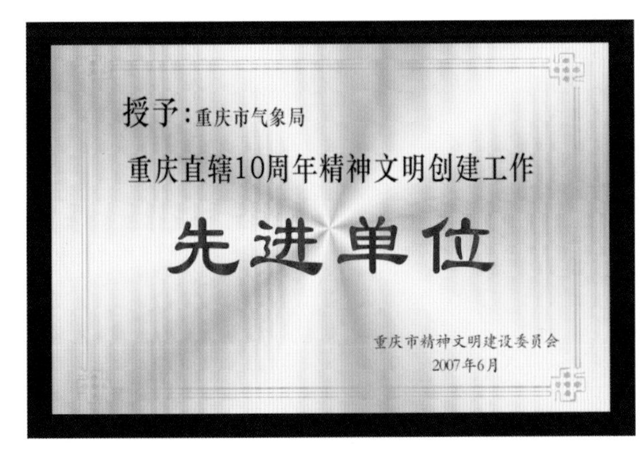

▲ 荣获重庆直辖 10 周年精神文明创建工作先进单位

▲ 荣获重庆市抗震救灾先进基层党组织

砥砺篇（2009—2017年）

部市相携共兼程
自强不息存高远

部市相携共兼程

▲ 2009 年 7 月 1 日，时任中国气象局局长郑国光和时任重庆市市长王鸿举在重庆签署部市合作备忘录

▲ 2011 年 3 月，在重庆市召开第一次部市合作联席会议

▲ 2012 年 12 月，在北京市召开第二次部市合作联席会议

▲ 2015 年 4 月，在北京市召开第三次部市合作联席会议

自强不息存高远

▶ 1. 观测

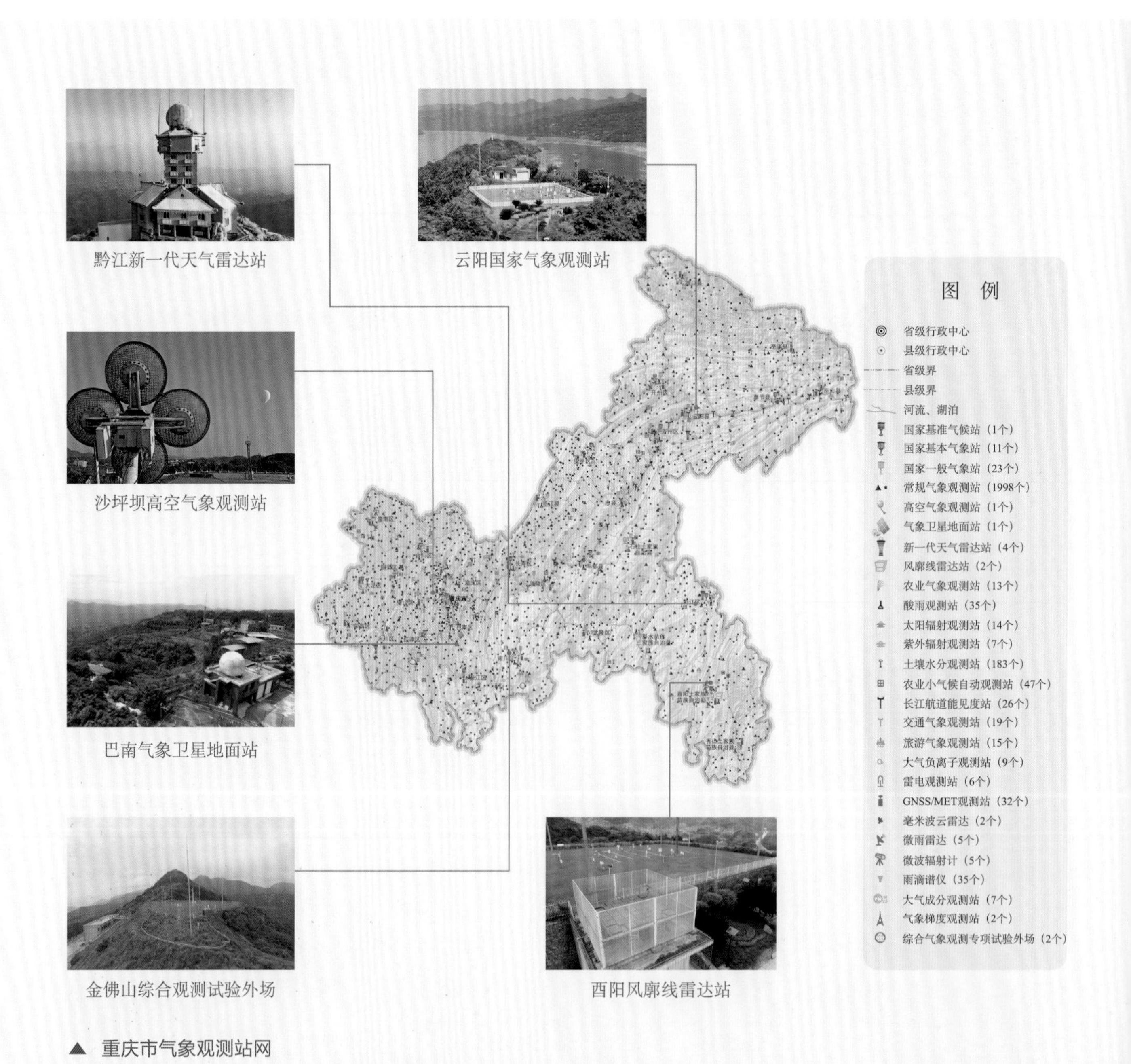

▲ 重庆市气象观测站网

▶ 2. 预报

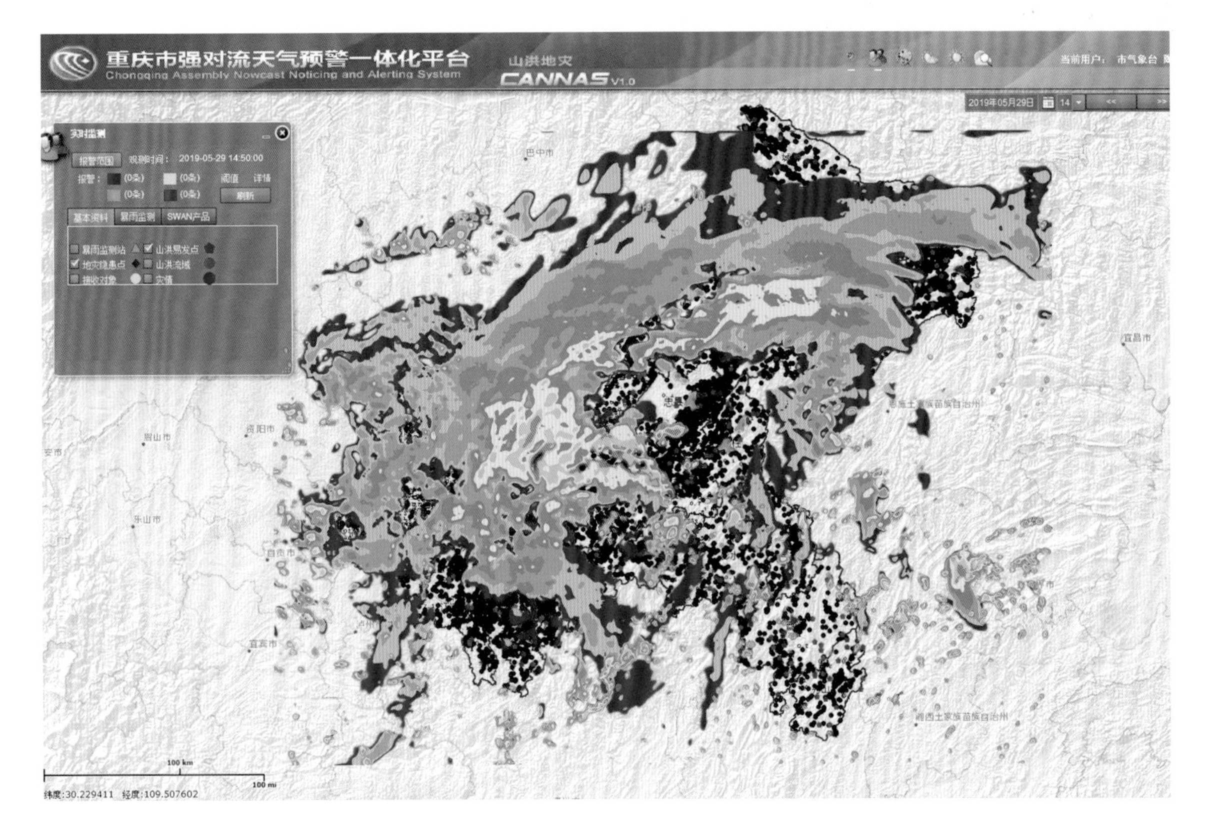

▲ 重庆市强对流天气预警一体化平台

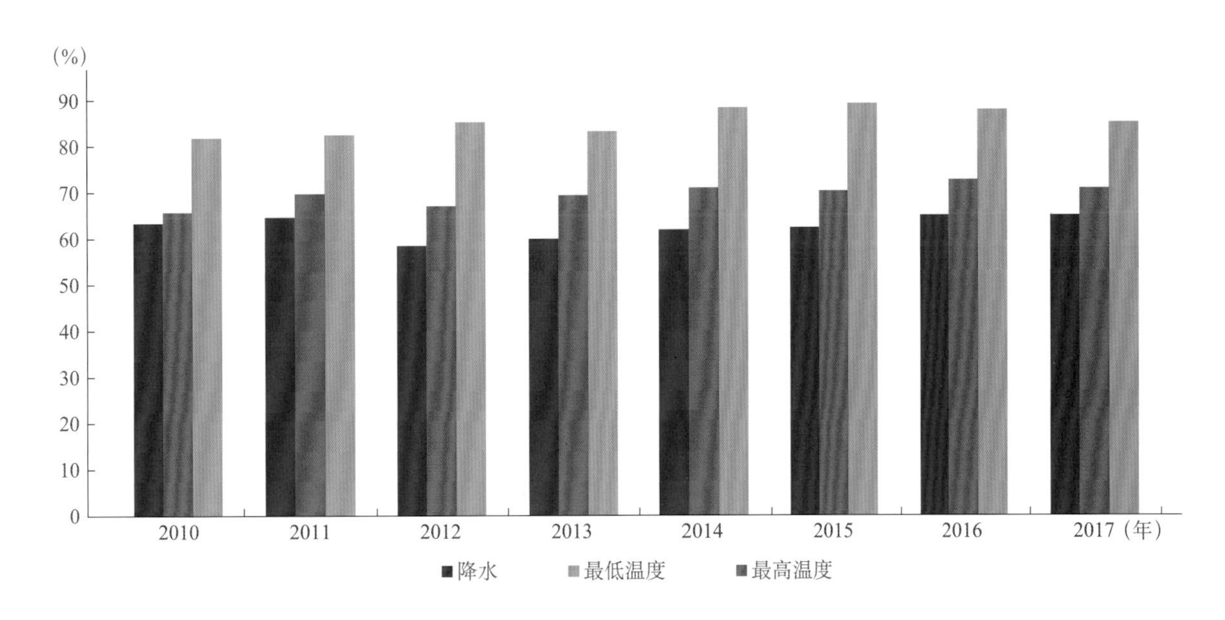

▲ 重庆市 24 小时天气预报准确率（2010—2017 年）

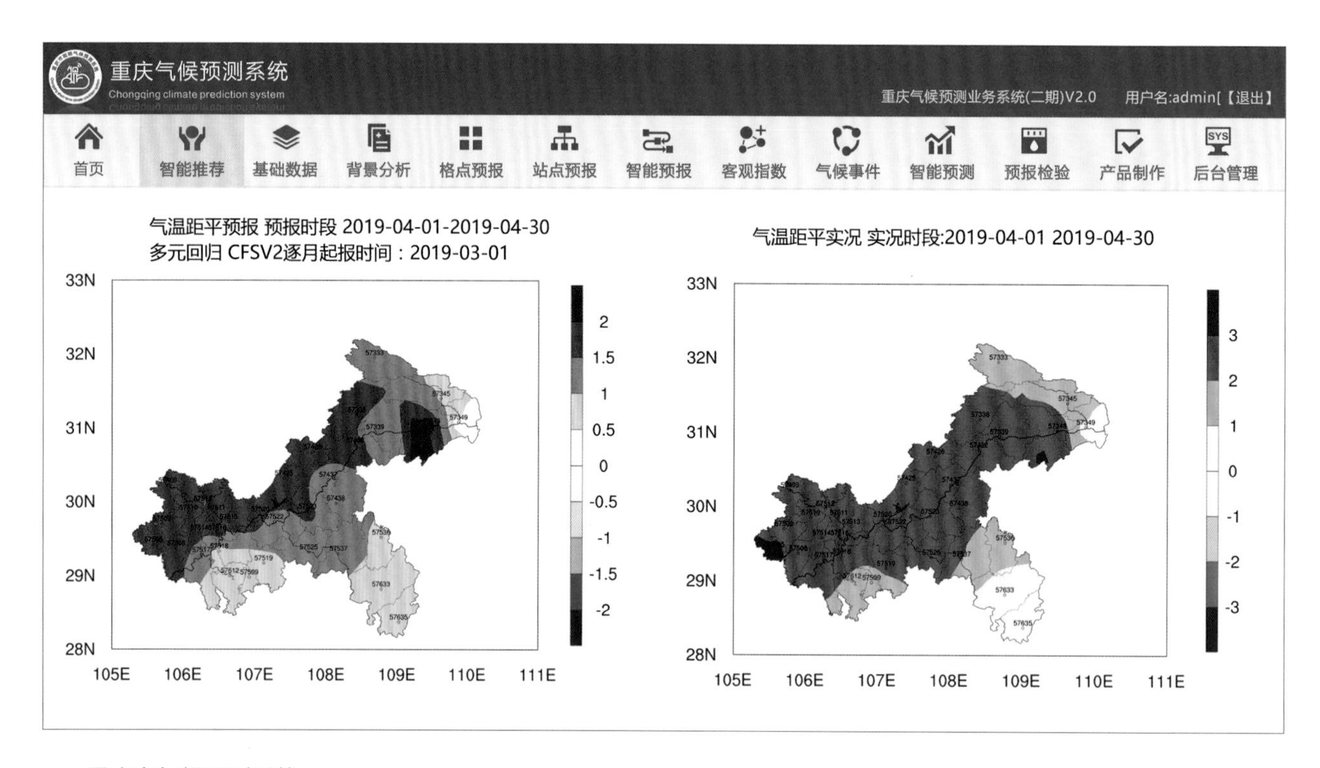

▲ 重庆市气候预测系统

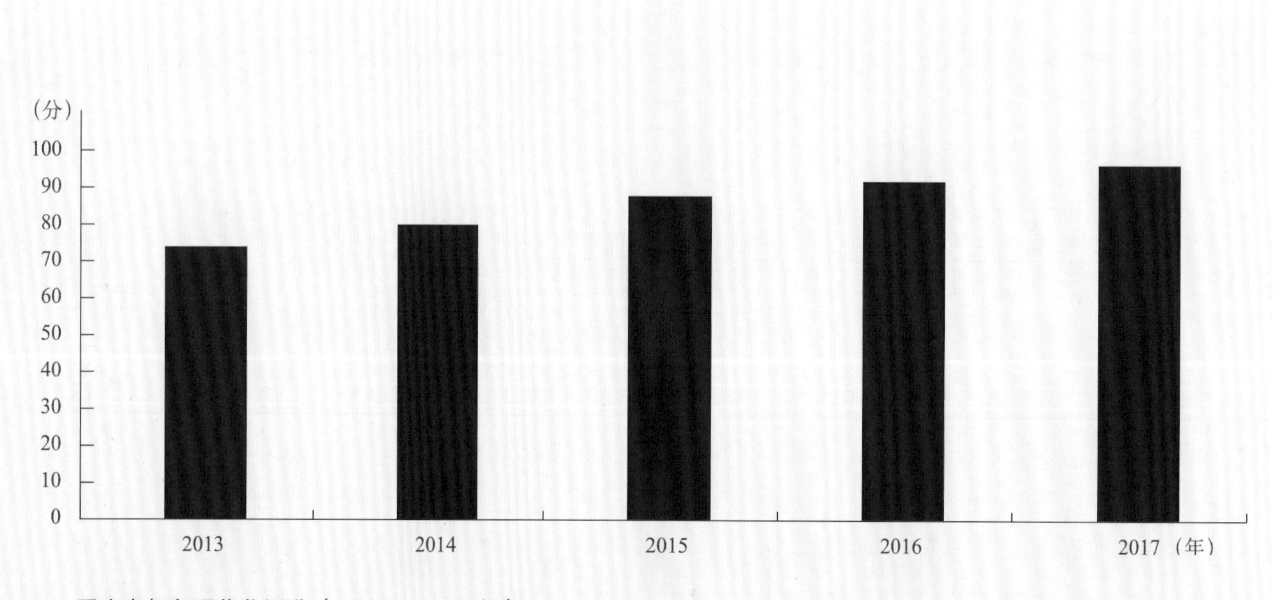

▲ 重庆市气象现代化评分（2013—2017 年）

▶ 3. 防灾减灾

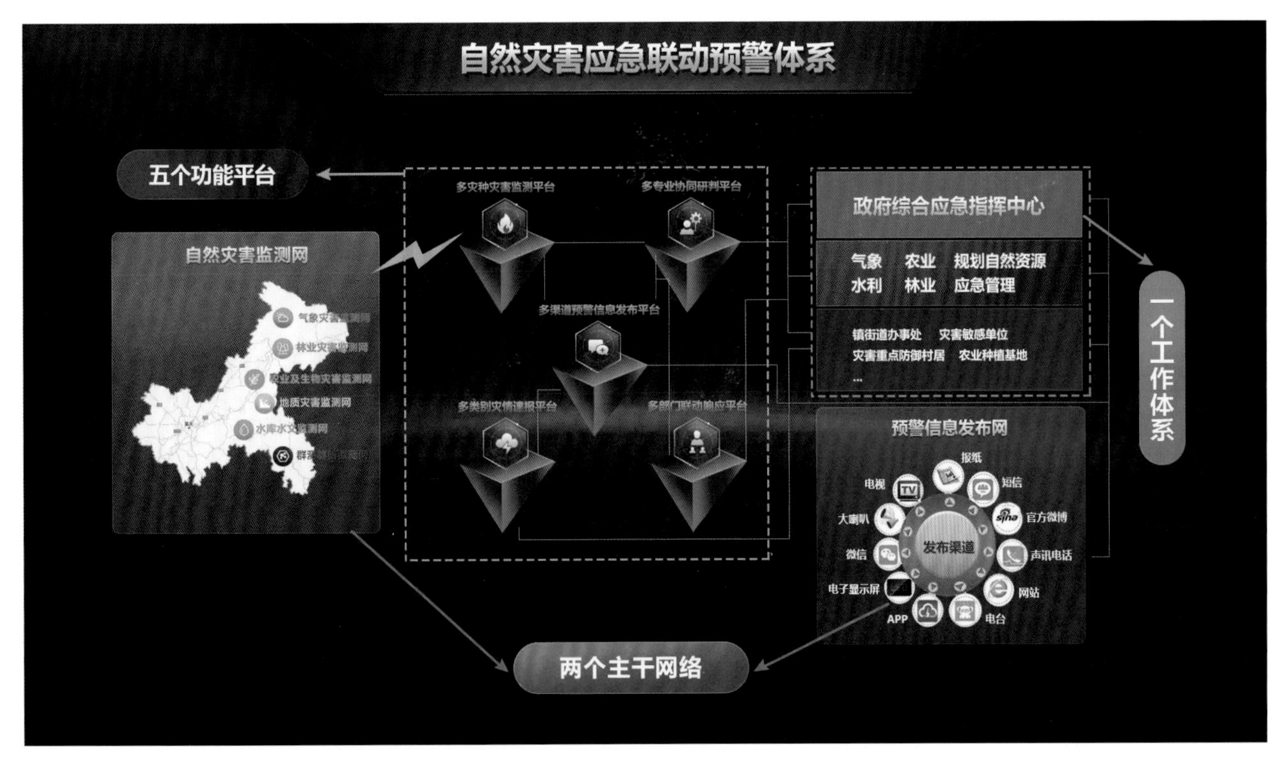

▲ 作为全国示范的重庆市自然灾害应急联动预警体系

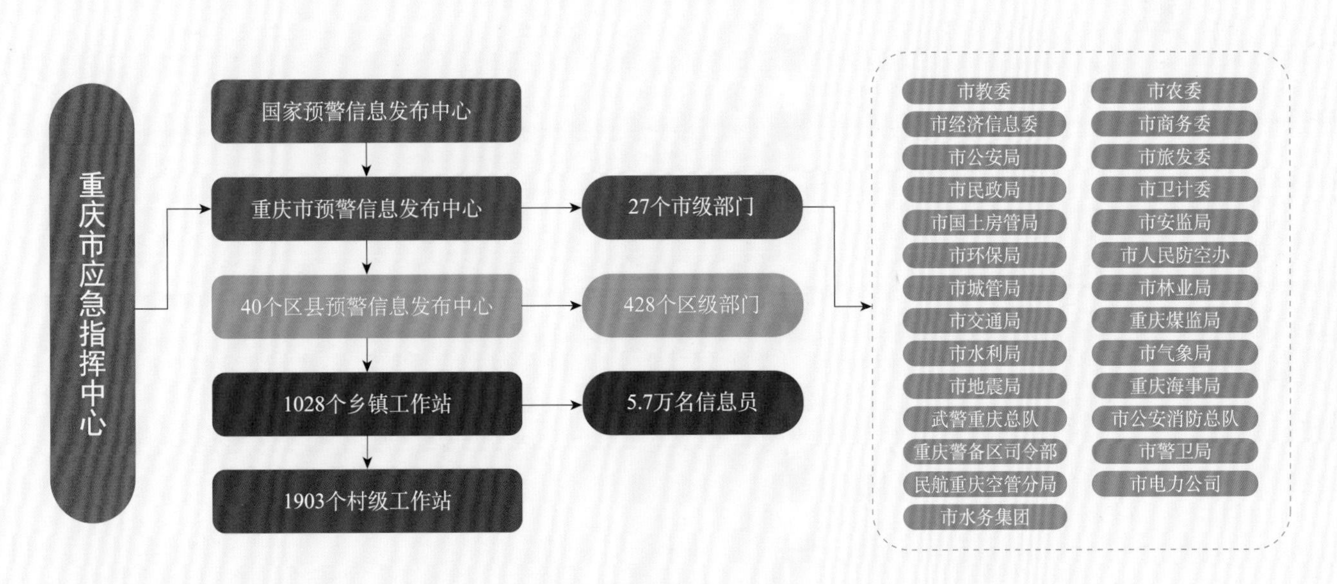

▲ 重庆市预警体系实现市－区县－乡镇（街道）三级全覆盖

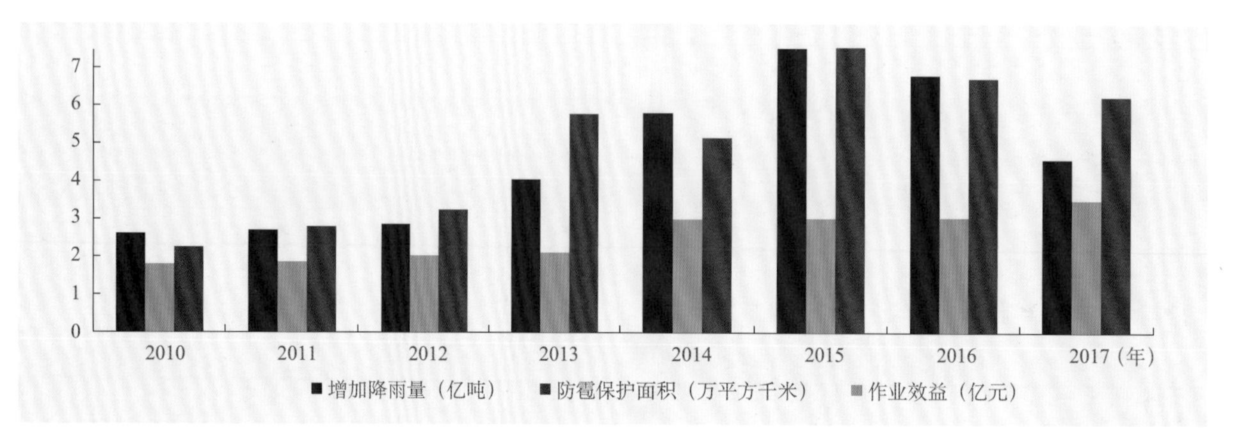

▲ 重庆市人工影响天气作业效益（2010—2017年）

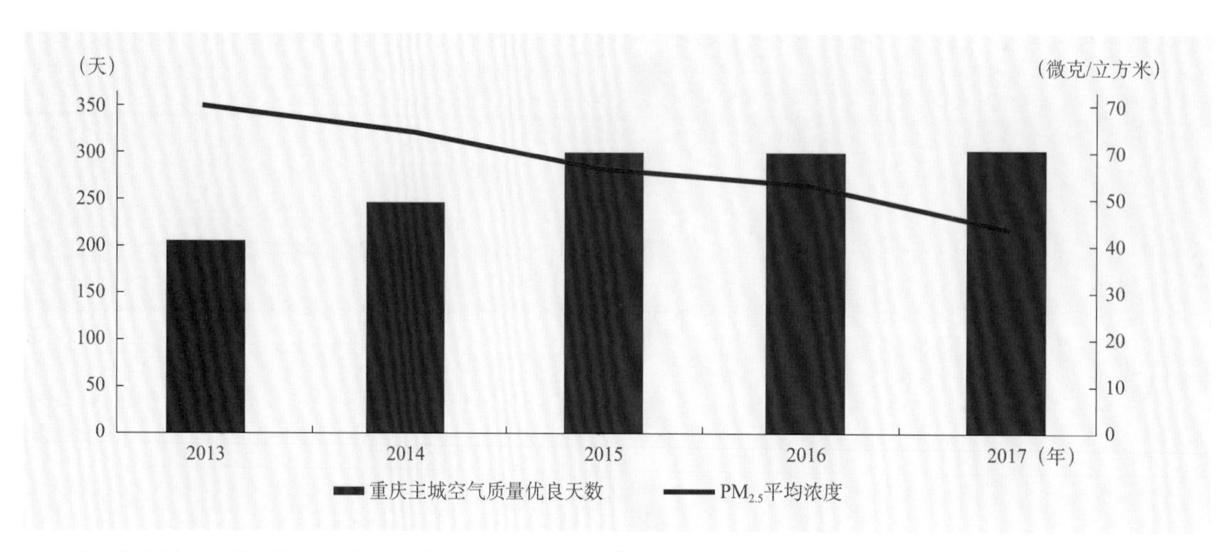

▲ 重庆市主城空气质量优良天数和年均 $PM_{2.5}$ 浓度变化（2013—2017年）

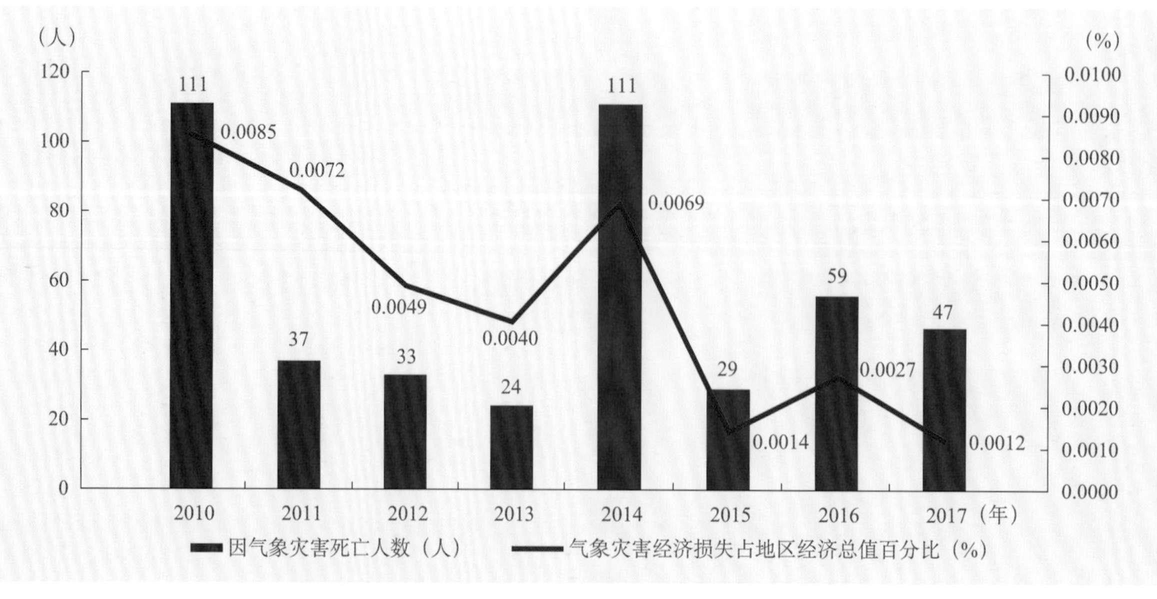

▲ 重庆市因气象灾害死亡人数及经济损失呈下降趋势（2010—2017年）

▲ 重庆市气象科普馆

▲ 三峡气象科普文化教育基地（云阳）

▲ 人工影响天气科普基地（铜梁）

▸ 4. 服务

▲ 多渠道发布气象服务信息

▲ 长江航道能见度预报

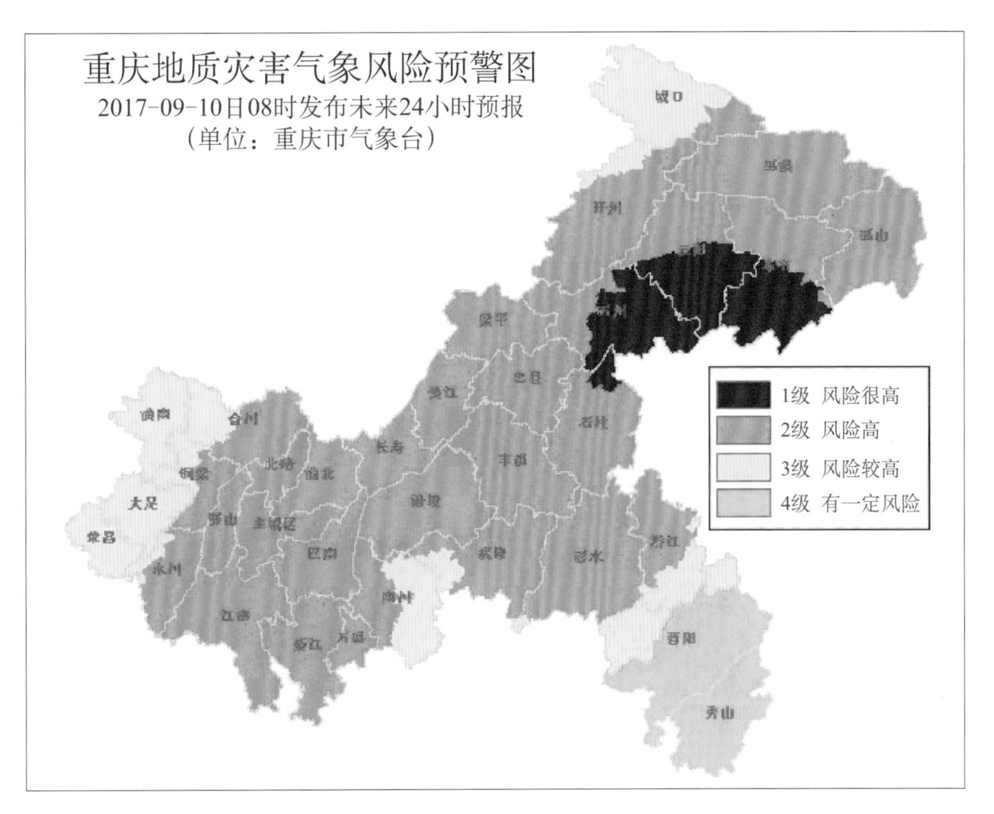

▲ 重庆地质灾害气象风险等级预报

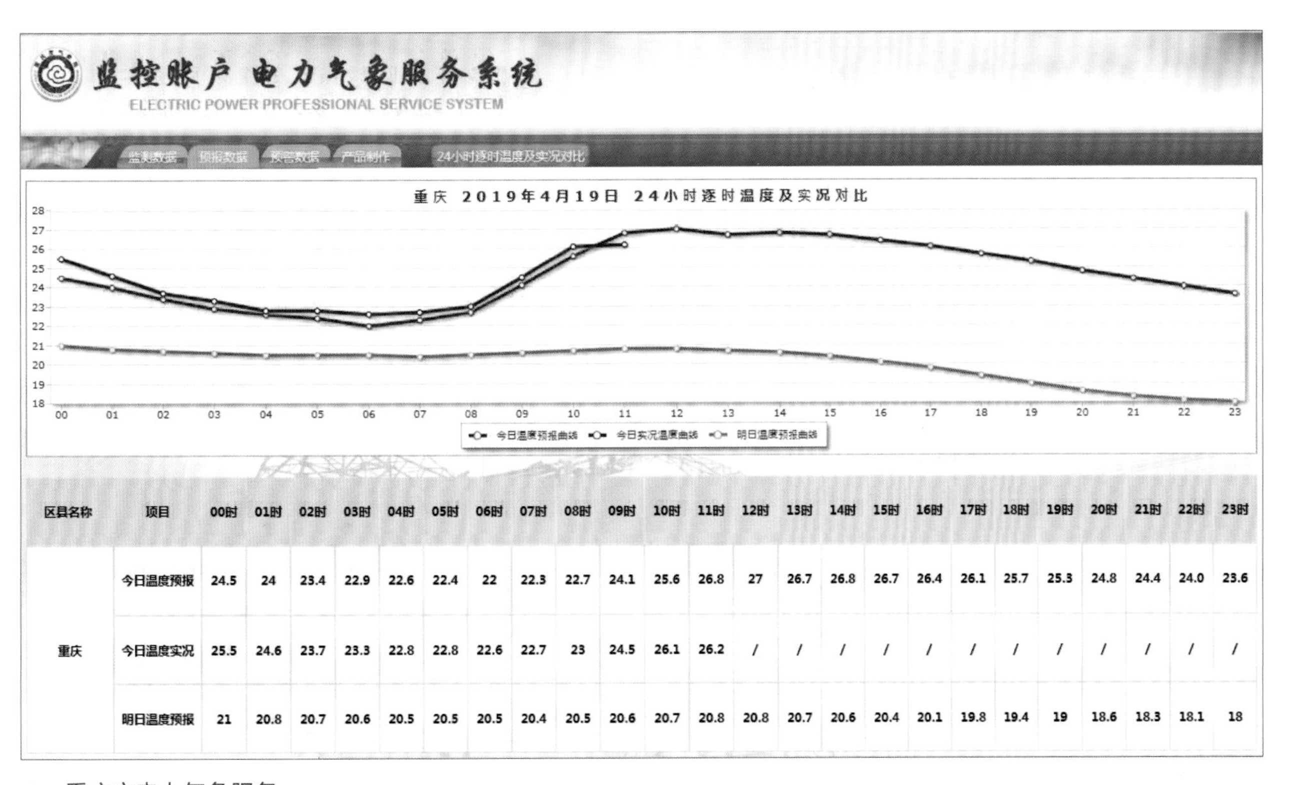

区县名称	项目	00时	01时	02时	03时	04时	05时	06时	07时	08时	09时	10时	11时	12时	13时	14时	15时	16时	17时	18时	19时	20时	21时	22时	23时
重庆	今日温度预报	24.5	24	23.4	22.9	22.6	22.4	22	22.3	22.7	24.1	25.6	26.8	27	26.7	26.8	26.7	26.4	26.1	25.7	25.3	24.8	24.4	24.0	23.6
	今日温度实况	25.5	24.6	23.7	23.3	22.8	22.8	22.6	22.7	23	24.5	26.1	26.2	/	/	/	/	/	/	/	/	/	/	/	/
	明日温度预报	21	20.8	20.7	20.6	20.5	20.5	20.5	20.4	20.5	20.6	20.7	20.8	20.8	20.7	20.6	20.4	20.1	19.8	19.4	19	18.6	18.3	18.1	18

▲ 重庆市电力气象服务

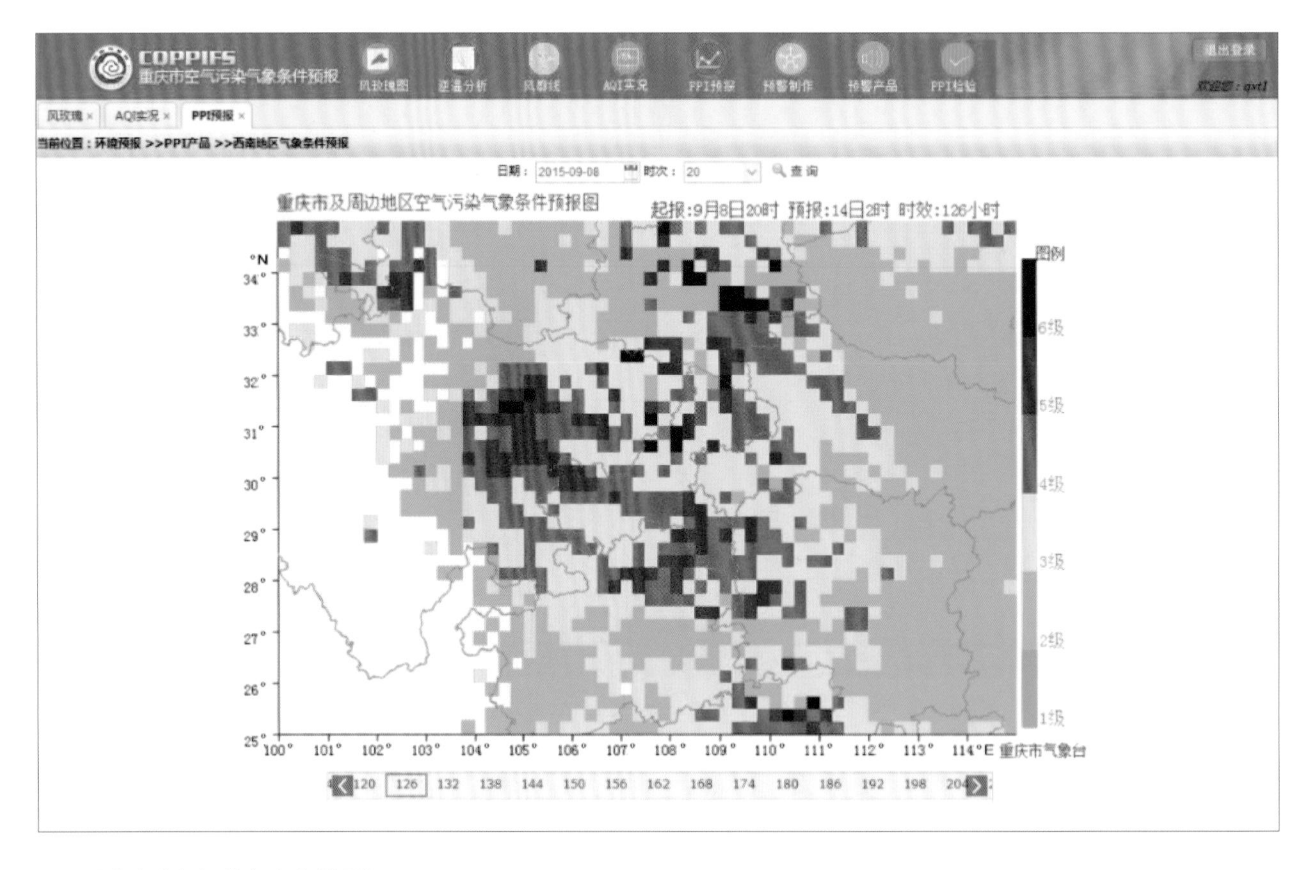

▲ 重庆市空气污染气象条件预报

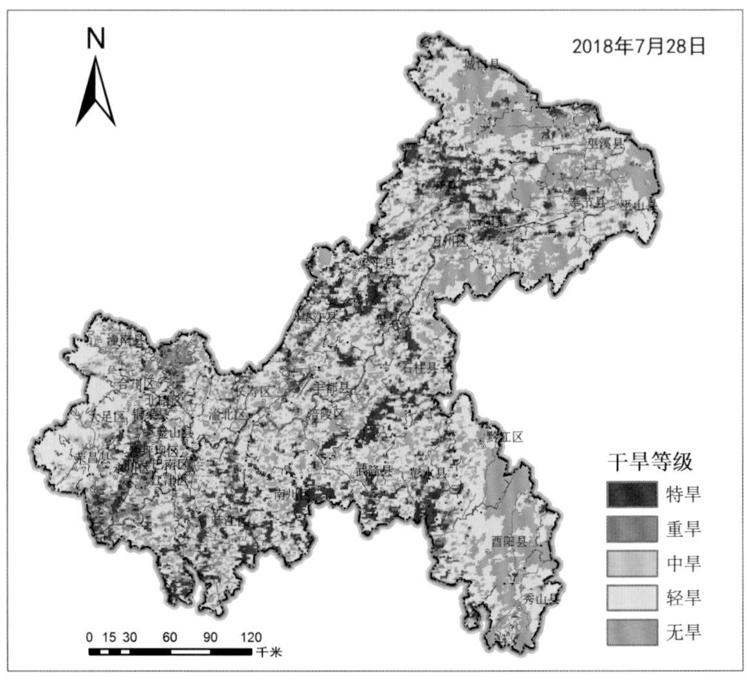

▲ 重庆市森林火险和干旱遥感监测

▲ 重庆市交通气象服务

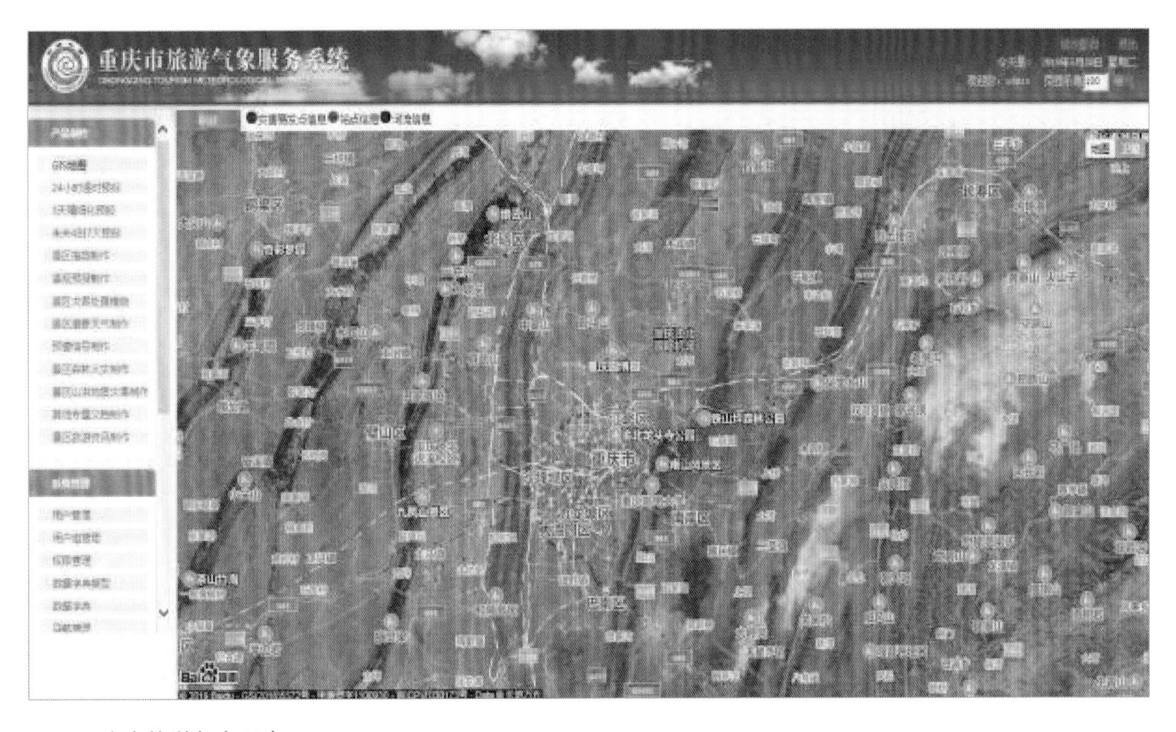

▲ 重庆市旅游气象服务

2009 年，武隆山体垮塌应急气象保障

2012 年 8 月 22 日，荣昌森林灭火气象保障

▶ 5. 科技人才

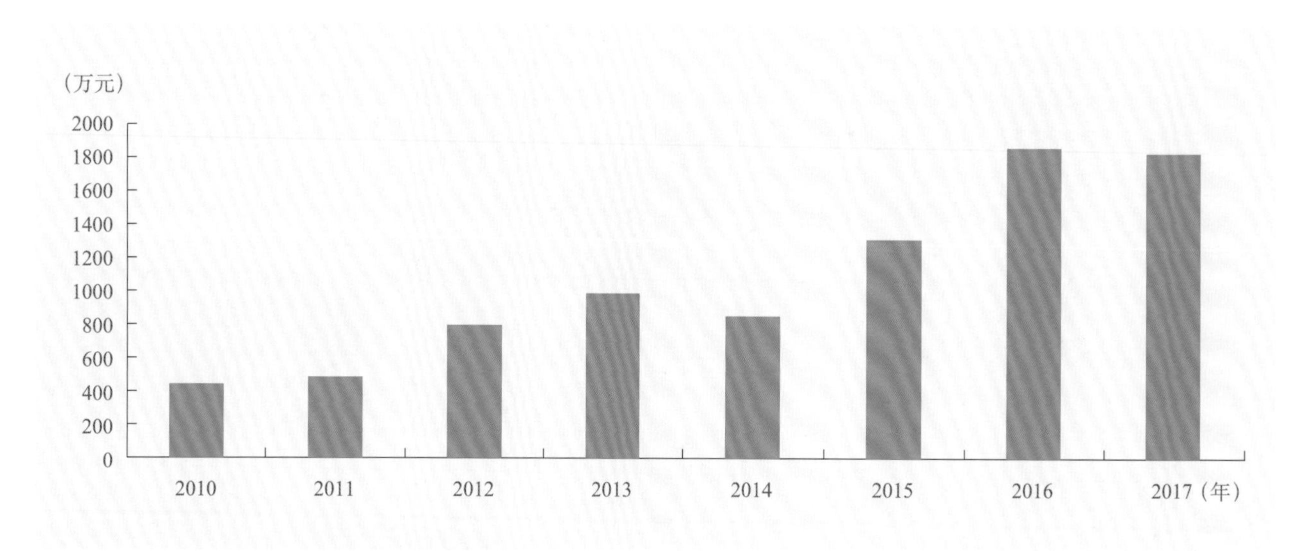

▲ 重庆市气象科技投入（2010—2017 年）

▲ 重庆市气象局与美国俄克拉何马大学、中国科学院重庆绿色智能技术研究院、重庆邮电大学签署重庆市精细化数值预报系统建设框架合作协议

▲ 重庆市气象局与区县政府共推气象现代化建设

重庆市气象局与中国气象局直属单位签署气象现代化建设合作协议 ▶

重庆市科学技术奖

证 书

为表彰重庆市科学技术奖获奖单位，特颁发此证书。

奖励类别：科技进步奖

成果名称：重庆市干旱遥感监测技术研究及系统开发

奖励等级：三等奖

获奖单位：重庆市气象科学研究所

重庆市人民政府

2014年8月

证书号：2013-J-3-50-D01

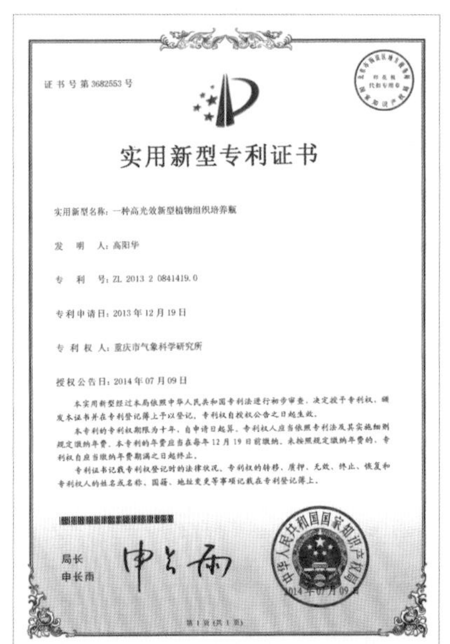

证书号第3682553号

实用新型专利证书

实用新型名称：一种高光效新型植物组织培养瓶

发 明 人：高阳华

专 利 号：ZL 2013 2 0841419.0

专利申请日：2013年12月19日

专 利 权 人：重庆市气象科学研究所

授权公告日：2014年07月09日

本实用新型经过本局依照中华人民共和国专利法进行初步审查，决定授予专利权，颁发本证书并在专利登记簿上予以登记。专利权自授权公告之日起生效。

本专利的专利权期限为十年，自申请日起算。专利权人应当依照专利法及其实施细则规定缴纳年费。本专利的年费应当在每年12月19日前缴纳。未按照规定缴纳年费的，专利权自应当缴纳年费期满之日起终止。

专利证书记载专利权登记时的法律状况。专利权的转移、质押、无效、终止、恢复和专利权人的姓名或名称、国籍、地址变更等事项记载在专利登记簿上。

局长
申长雨

中华人民共和国国家知识产权局

2014年07月09日

第1页（共1页）

重庆市气象科学研究所获得科技成果奖和专利

正式出版的重庆市天气分析图集和业务技术手册

▶ 6. 管理

完善气象规章标准

重庆市人工影响天气管理办法

重庆市气象灾害预警信号发布与传播办法

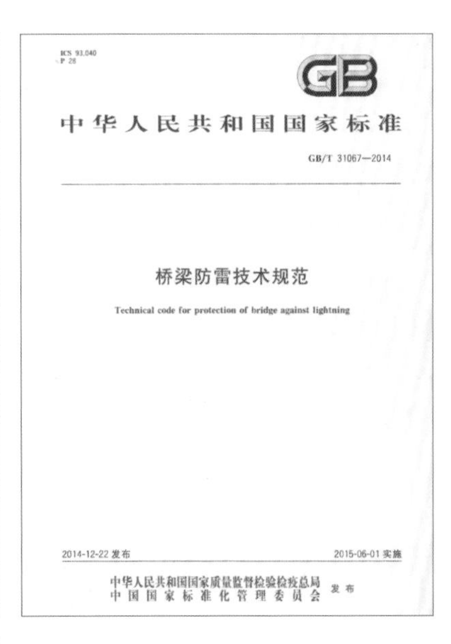

ICS 93.040
P 28

GB

中华人民共和国国家标准

GB/T 31067—2014

桥梁防雷技术规范

Technical code for protection of bridge against lightning

2014-12-22 发布　　2015-06-01 实施

中华人民共和国国家质量监督检验检疫总局
中国国家标准化管理委员会　发布

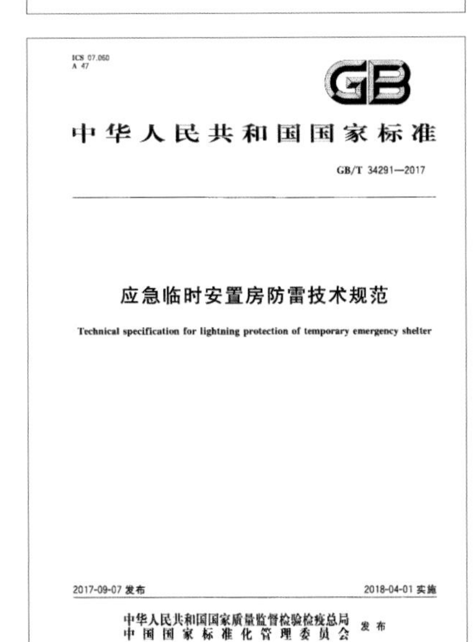

ICS 07.060
A 47

GB

中华人民共和国国家标准

GB/T 34291—2017

应急临时安置房防雷技术规范

Technical specification for lightning protection of temporary emergency shelter

2017-09-07 发布　　2018-04-01 实施

中华人民共和国国家质量监督检验检疫总局
中国国家标准化管理委员会　发布

重庆市人民政府文件

渝府发〔2016〕57号

重庆市人民政府关于
优化建设工程防雷许可的实施意见

各区县(自治县)人民政府,市政府有关部门,有关单位:

为贯彻落实《国务院关于优化建设工程防雷许可的决定》(国发〔2016〕39号),加快整合建设工程防雷许可,进一步强化监管,保障建设工程防雷安全,结合我市实际,提出如下实施意见:

一、落实改革要求,优化防雷许可

(一)将气象部门承担的房屋建筑工程和市政基础设施工程防雷装置设计审核、竣工验收许可,整合纳入建筑工程施工图审

—1—

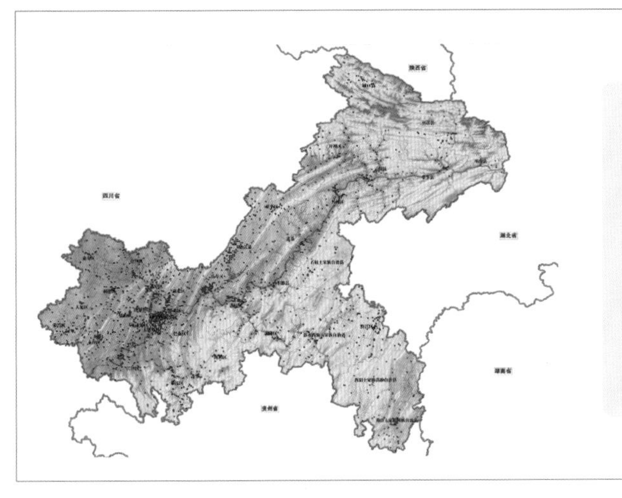

①重庆市人工影响天气管理办法

②重庆市气象灾害预警信号发布与传播办法

③桥梁防雷技术规范

④应急临时安置房防雷技术规范

⑤重庆市政府关于优化建设工程防雷许可的实施意见

⑥重庆市防雷安全重点单位分布（3109 个）

强化突发事件预警管理

重庆市人民政府办公厅电子公文

渝府〔2010〕77 号

重庆市人民政府
关于重庆市多灾种应急联动
预警体系示范区的批复

永川区人民政府：

你区《关于创建重庆市多灾种应急联动预警体系示范区的请示》（永川府文〔2010〕41 号）收悉。现批复如下：

一、原则同意《创建重庆市多灾种应急联动预警体系示范区项目建议书》。

二、你区可利用本区现有的基础条件，在多灾种应急联动预警体系建设方面先行先试。

三、请你区对《创建重庆市多灾种应急联动预警体系示范区项目建议书》进行修改，明确预警体系与政府应急平台体系之间的关系，将预警体系作为政府应急平台体系的一部分进行规划建设。

四、请你区多渠道筹集资金，加快推进多灾种应急联动预警体系项目建设。

二〇一〇年八月十一日

▲ 创建多灾种应急联动预警体系示范区

重庆市人民政府办公厅电子公文

渝府办发〔2013〕15 号

重庆市人民政府办公厅关于
印发《重庆市突发事件预警短信息发送
实施细则（暂行）》的通知

各区县（自治县）人民政府，市政府有关部门，有关单位：

《重庆市突发事件预警短信息发送实施细则（暂行）》已经市政府同意，现印发给你们，请认真贯彻执行。

重庆市人民政府办公厅
2013 年 1 月 14 日

▲ 预警短信息发送实施细则（暂行）

重庆市人民政府办公厅电子公文

渝府发〔2011〕31 号

重庆市人民政府关于
印发《重庆市突发事件预警信息发布
管理办法》的通知

各区县（自治县）人民政府，市政府有关部门，有关单位：

《重庆市突发事件预警信息发布管理办法》已经市政府同意，现印发给你们，请认真贯彻执行。

二〇一一年四月十八日

— 1 —

▲ 预警信息发布管理办法

重庆市人民政府办公厅电子公文

渝府办发〔2016〕75 号

重庆市人民政府办公厅关于
印发重庆市突发事件预警信息发布平台
运行管理办法（试行）的通知

各区县（自治县）人民政府，市政府有关部门，有关单位：

《重庆市突发事件预警信息发布平台运行管理办法（试行）》已经市政府同意，现印发给你们，请认真贯彻执行。

重庆市人民政府办公厅
2016 年 5 月 3 日

（此件公开发布）

— 1 —

▲ 预警信息发布平台运行管理办法（试行）

▶ 7. 党建

▲ 开展党的群众路线教育实践活动

▲ 开展“三严三实”专题教育

▲ 开展“两学一做”学习教育

▲ 组织收看党的十九大开幕式

▲ 学习贯彻党的十九大精神

▲ 举办党组中心组党的十九大精神扩大学习研讨班

▸ 8. 文化

◀ 参加第六届重庆登山邀请赛

▲ 参加重庆市直机关“公仆杯”文艺汇演

▲ 举办迎新春职工厨艺大赛

年又遷移羅候地雅[illegible]
謂數異絲與國分憂為民驅災作施政
參謀任民生鐵肩之肯如一闌風雨而
夜不寐卷旱潦而心長憂燈燭與星月
齊輝心脈同氣旋共振春種秋收乃告
稼穡者東寒往廠承發訊令有自動
站衛星國觀雲測雨萬里之遙三七
炮火箭彈增雨消雹九天之上遨雷
針消雷器破雷化建五行之中吏
兼施布預警信息之年普傳訊抵
萬家滙諮聯百業災異先知除患未
然于八方晴雨保一方昇平經年累
月政府依為肱股百姓視作柱梁
今逢盛世喬遷新居國歲四季目極
八荒桂帆揚濟滄海舉翅欲從南冥
繼先賢之佳績開後世之華章看
龍鄉之瑞陶倚執仗春風秋雨畫八
[illegible]湖平岸潤賦不盡意頌曰
天地無極浩水諸藍調風
順雨澤潤龍鄉河清海晏
功德無疆銅梁氣象業績
煌煌

唐學術撰
甲午年孟春 柏毅書

吉豈亞鄒衍
之談東箭南
金可答屈原
之問國寶卿
材堪多秦穆
之賢春秋戰
國統測五兩
之重唐堯虞
舜倪定須臾
之間風命八
種源名史記
之律級分十
類功屬乙巳
之事天下傳
以故斯園之
舉善莫大焉
不惟嘉禾瑞
麥之福祉可
保抑且富國
強民之愚澤
頻添矣

▲ 云阳气象赋

▲ 铜梁气象赋

扬帆篇（2017—2018年）

踵事增华会有时
直挂云帆济沧海

踵事增华会有时

中共重庆市委文件

渝委发〔2018〕1号

★

中共重庆市委
重庆市人民政府
关于印发《重庆市实施乡村振兴战略行动计划》的通知

各区县（自治县）党委和人民政府，市委各部委，市级国家机关各部门，各人民团体，大型企业和高等院校：

现将《重庆市实施乡村振兴战略行动计划》印发给你

— 1 —

深化特色产业技术体系创新团队建设，支持有条件的龙头企业建立企业研发中心，加快在品种选育、技术创新、智能农业、机械装备、生态环保等领域取得有重大价值的农业科研成果。全面落实高等科研院所等事业单位专业技术人员到乡村和企业挂职、兼职和离岗创新创业制度，保障其在职称评定、工资福利、社会保障等方面的权益。到2020年，建立农产品品种研发平台30个、综合试验站22个，新建科技专家大院100个，建设标准化优势农作物良种生产基地20万亩，改扩建畜禽良种场85个，农业科技进步贡献率和科技成果转化率分别达到60%、80%。

3. 提高农机装备水平。开展主要农作物全程机械化示范，积极推广耕、种、收、防、烘等农机具，提高农机智能化、自动化水平。扎实推进耕地宜机化改造，采取“小改大”“零并整”“梯改缓”等措施，改善大中型农机下田到地作业条件。到2020年，全市农作物耕种收综合机械化水平提高到50%以上。

4. 推进农业大数据和智能化应用。加快推动生产端物联网应用、销售端电商发展、管理端大数据建设，提高农业生产、经营、管理、服务信息化水平。推进农业大数据平台、农业气象大数据库建设。加大“益农信息社”建设力度，到2020年，实现行政村全覆盖。

5. 提升气象为农服务能力。大力发展智慧型、精准化

— 16 —

▲《重庆市实施乡村振兴战略行动计划》部署提升气象为农服务能力

中共重庆市委文件

渝委发〔2018〕30号

★

中共重庆市委
重庆市人民政府
关于印发《重庆市实施生态优先绿色发展行动计划（2018—2020年）》的通知

各区县（自治县）党委和人民政府，市委各部委，市级国家机关各部门，各人民团体，大型企业和高等院校：

现将《重庆市实施生态优先绿色发展行动计划（2018—

— 1 —

治理规划，修复“两江四岸”生态系统，建设6900亩“两江四岸”滨河绿化带，优化“两江四岸”城市功能，提升“两江四岸”滨江颜值，打造“两江四岸”文旅项目。到2020年，实现长江干流和主要支流沿岸1公里范围内有污染的企业，以及未入合规园区的化工企业、危化企业、重点风险源全部“清零”；主城“两江四岸”108公里岸线内所有危化码头、砂石码头全部退出或搬迁，范围以外不再新增危化品码头、砂石码头，加快搬迁整合现有的砂石码头。（指挥长：李殿勋；副指挥长：陈金山、许仁安、乔明佳、扈万泰；牵头单位：市经济信息委、市交委、市城乡建委、市规划局）

11. 实施自然灾害防治工程。建立防汛抗旱防灾减灾救灾体系，坚持以防为主、防抗救相结合的方针，按照分级负责、属地管理的原则，采取工程措施和非工程措施相结合的方式，严格防洪规划管理，使城市防洪达标率不低于93%，乡镇防洪达标率不低于90%，基本保障城乡居民的抗旱供水。整合气象、水文、地质、农业、林业、野生动物疫病疫源等自然灾害信息资源，提升防灾减灾救灾信息管理与服务能力。实施生态气象保障项目，提高重要生态系统气象灾害监测预警与评估服务能力、气候变化对生态系统影响评估服务能力以及生态服务型人工影响天气能力。强化自然灾害应急处置能力、灾后重建能力以及防灾减灾救灾科技支撑能力

— 17 —

▲《重庆市实施生态优先绿色发展行动计划（2018—2020年）》部署实施生态气象保障项目

中共重庆市委文件

渝委发〔2018〕13号

★

中共重庆市委 重庆市人民政府
关于印发《重庆市以大数据智能化为引领的创新驱动发展战略行动计划（2018—2020年）》的通知

各区县（自治县）党委和人民政府，市委各部委，市级国家机关各部门，各人民团体：

现将《重庆市以大数据智能化为引领的创新驱动发展战略行动计划（2018—2020年）》印发给你们，请结合

— 1 —

对监测数据进行智能分析，通过短信或手机APP发出预警信息，及时疏散人群，提前做好应急抢险工作。2018年，完成8个大型地质灾害点专业监测预警项目、2000个群测群防点自动化监测预警项目、"四重网格"人员智能化管理项目；2019年，完成40个大型地质灾害点专业监测预警项目、7000个群测群防点自动化监测预警项目；2020年，完成52个大型地质灾害点专业监测预警项目、7000个群测群防点自动化监测预警项目。

（32）智慧气象。通过物联网、云计算、大数据等信息技术应用，实现气象服务、业务科技以及管理全面透彻的感知、宽带泛在的互联、智能融合的应用以及可持续创新。发展精细化智能气象服务，开展智能化的农业气象灾害预警、农作物估产、农业天气指数保险、作物引种风险评估、农产品气候品质认证等服务，及时响应用户的个性化需求。推进人工影响天气工作智能化，运用GIS、物联网技术，实现人工影响天气作业需求智能监测、作业指挥智能预警、作业实施智能监控，提高防雹减灾、增雨抗旱人影服务的智能化水平。基于气象大数据集，将云计算、大数据处理、人工智能等技术与现代气象预报预测技术相结合，实现对暴雨、洪涝、干旱、高温等灾害性天气自动判识与预警、高时空分辨率气象要素智能预报、预警信息精准靶向发布，提升防灾减灾气象保障能力。

专栏51：智慧气象重点工程

气象监测预报大数据平台。市气象局牵头，建设智能观测运行与维护系统、气象智能预报业务系统、智能气象服务系统、气象灾害预警信息智能化发布系统，实现大型气象观测装备运行与维护的远程支持，建立智能气象预报业务，构建智能气象为农服务技术支撑体系；建设人工影响天气作业智能管理系统，改造人工

— 87 —

▲《重庆市以大数据智能化为引领的创新驱动发展战略行动计划（2018—2020年）》部署推进智慧气象重点工程

中共重庆市委文件

渝委发〔2018〕28 号

★

中共重庆市委
重庆市人民政府
关于印发《重庆市污染防治攻坚战实施方案（2018—2020 年）》的通知

各区县（自治县）党委和人民政府，市委各部委，市级国家机关各部门，各人民团体，大型企业和高等院校：

现将《重庆市污染防治攻坚战实施方案（2018—2020 年）》

— 1 —

范围，每年增加 15 平方公里。推广使用低挥发性有机物新产品，服装干洗和机动车维修等行业应设置异味和废气处理装置。严格燃放烟花爆竹管理，逐步扩大禁放区域（场所）和限放区域范围，推行主城片区禁放烟花爆竹。

增强联防联控和预警预报，应对污染天气。实行大气污染区域联防联控，与周边省市在项目会商、预警预报、联合执法、信息共享等方面建立常态化运行机制。深化市级重污染天气应急预案体系，完善组织机构和运行机制，进一步明确职责，细化预警应急处置流程，及时启动重污染天气预警应急。强化气象观测，采用高炮、火箭或飞机等多种方式及时实施人工增雨作业，有效应对污染天气。加强大气污染成因和治理攻关，开展源解析、污染传输规律等基础研究。

2. 切实减少噪声污染扰民。建立噪声污染防治长效工作机制，减少噪声扰民投诉，提高公众满意度，全面营造宁静舒适的城乡环境，保障公众生活品质。

减少社会生活噪声扰民。加强营业性文化娱乐场所、商业经营活动、公共场所等社会生活噪声污染防治，采取有效措施防止噪声扰民。强化社区复合型噪声污染监管，指导社区居民制定社区安静公约，推广限时装修等措施，提高社区居民文明、守法意识，引导社区居民自觉维护良好社区环境，新建（复查）安静居住小区 90 个。开展广场舞、KTV 等社会生活噪声专项整治，加强高考、中考等重要考试期间

— 10 —

▲《重庆市污染防治攻坚战实施方案（2018—2020 年）》部署实施人工影响天气作业应对污染天气

重庆市人民政府办公厅文件

渝府办发〔2018〕127 号

重庆市人民政府办公厅
关于印发重庆市气象防灾减灾救灾行动方案（2018—2020 年）的通知

各区县（自治县）人民政府，市政府有关部门，有关单位：

《重庆市气象防灾减灾救灾行动方案（2018—2020 年）》已经市政府同意，现印发给你们，请认真贯彻执行。

重庆市人民政府办公厅
2018年

— 1 —

重庆市气象防灾减灾救灾行动方案

（2018—2020 年）

为全面贯彻党的十九大精神，深入落实习近平总书记对重庆提出的“两点”定位、“两地”“两高”目标和“四个扎实”要求，全面实施《重庆市气象灾害防御条例》，提升全市气象灾害的综合防范能力，保障重庆经济社会健康发展，特制定本方案。

一、总体要求

（一）指导思想。

以习近平新时代中国特色社会主义思想为指导，全面贯彻党的十九大精神和习近平总书记关于防灾减灾救灾工作“两个坚持、三个转变”的重要论述，认真落实市委、市政府关于防灾减灾救灾的系列工作部署，以建立完善气象灾害监测预报预警体系、预警信息发布传播体系、人工影响天气指挥作业体系、气象灾害风险防范体系、气象灾害防御责任体系和法规标准体系为重点，推动气象防灾减灾救灾工作融入“三大攻坚战”“八项行动计划”，着力提高全市气象防灾减灾救灾法治化、规范化和现代化水平，提升全社会抵御气象灾害的综合防范能力，为加快建设内陆开放高地、山清水秀美丽之地，推动高质量发展、创造高品质生活提供有力保障。

▲ 重庆市政府办公厅印发《重庆市气象防灾减灾救灾行动方案（2018—2020 年）》

直挂云帆济沧海

▶ 1. 围绕“防范化解重大风险攻坚战”“保障和改善民生行动计划” 健全气象防灾减灾救灾体系建设

◀ 分管气象工作的重庆市政府副市长李明清（左三）调研指导气象防灾减灾救灾工作

重要气象信息专报

2018 年第 12 期

重庆市气象局　　　　签发：顾建峰

强降雨天气将至　注意防范地质灾害

一、天气趋势

根据最新气象资料分析，预计 5 月 4 日夜间到 6 日白天，我市有一次强降雨天气过程，主要降雨时段为 4 日夜间到 5 日夜间；累积雨量东北部、中部、西部偏东地区 40 ~ 70 毫米，局地 120 毫米；西部大部地区 20 ~ 40 毫米，局地 60 毫米；东南部地区 10 ~ 30 毫米，局地 50 毫米；最大雨强 30 ~ 40 毫米/小时，雷雨时伴有短时强降水、阵性大风及局地冰雹等强对流天气。

主城区：3 日夜间到 4 日白天，阴天有分散阵雨，20 ~ 28℃；4 日夜间到 5 日白天，小雨，21 ~ 27℃；5 日夜间到 6 日白天，中雨转阴天，19 ~ 27℃。

二、重点关注

1. 此次过程我市部分地区易出现强对流天气，提请注意防范雷电、短时强降水、阵性大风及局地冰雹可能造成的危害。

2. 中部、东北部地区累积雨量较大，注意防范可能引发

-1-

重庆市应急管理办公室关于做强降雨天气防范应对工作的紧急通知

各区县（自治县）政府，市政府有关部门，有关单位：

根据最新气象资料分析，预计 5 月 4 日夜间到 6 日白天，我市有一次强降雨天气过程，主要降雨时段为 4 日夜间到 5 日夜间；累积雨量东北部、中部、西部偏东地区 40 ~ 70 毫米，局地 120 毫米；西部大部地区 20 ~ 40 毫米，局地 60 毫米；东南部地区 10 ~ 30 毫米，局地 50 毫米；最大雨强 30 ~ 40 毫米/小时，雷雨时伴有短时强降水、阵性大风及局地冰雹等强对流天气。自 5 月 1 日起，我市已进入汛期，为做好本次强降雨天气防范应对工作，现将有关事项要求如下：

一、加强信息发布。气象、防汛部门在强降雨期间要加密雨情、水情预警信息发布。各单位要通过广播、电视、短信、网络等方式及时将预警信息发送到基层单位、城市社区、农村村社，确保信息发布全覆盖、无遗漏。

二、加强隐患排查。各单位要督促在建施工企业落实好应对强对流天气安全防范措施；加强大中小型水利工程（含水电站）及设施的巡查值守，确保不因强降雨引发水利工程险情。加强对地质灾害隐患点的监测预警，强化群测群防工作，一旦发生灾险情，要迅速有序有效处置。加强对高速公路、铁路、航道、国省干道等重要交通干线安全隐患的检查，发现异常要及时预警、及时报告、及时处理。及时对接水电

◀ 决策气象服务发挥防灾减灾第一道防线作用

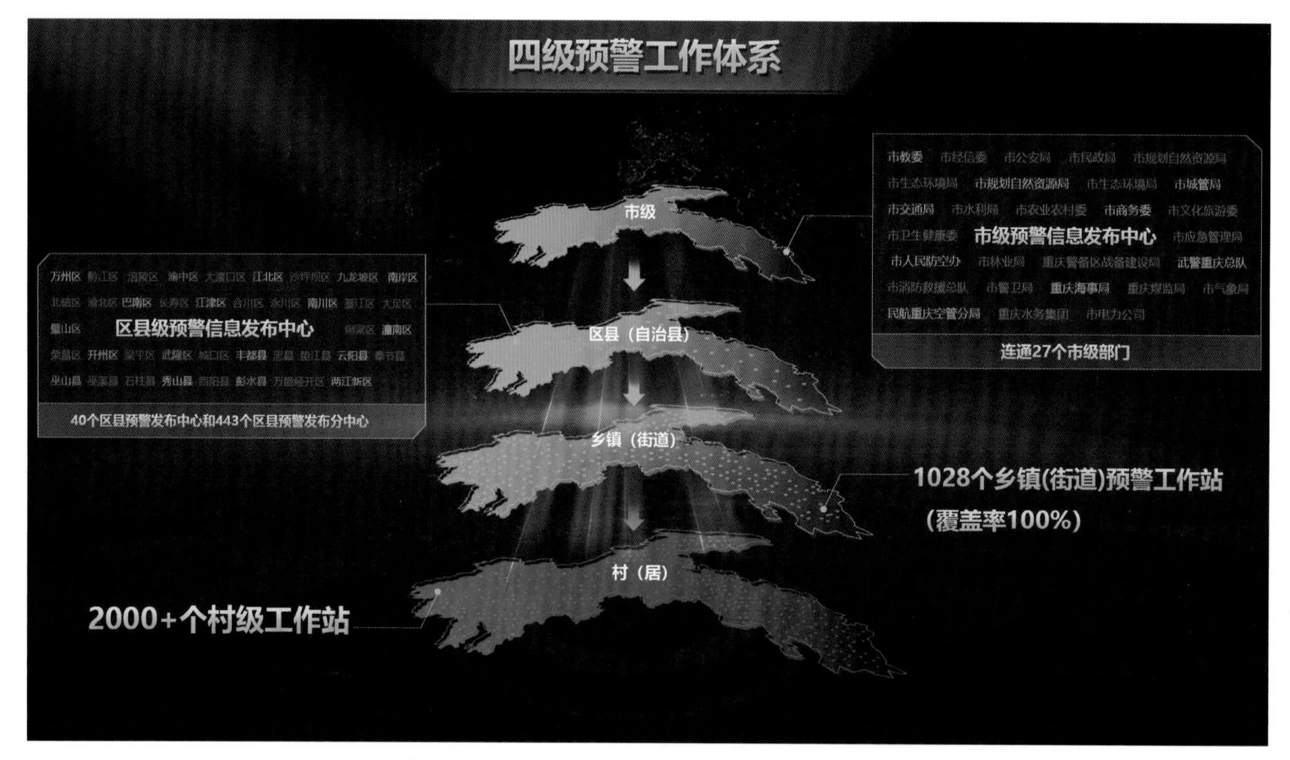

▲ 市 – 区县 – 乡镇（街道）– 村（居）四级一体化预警工作体系

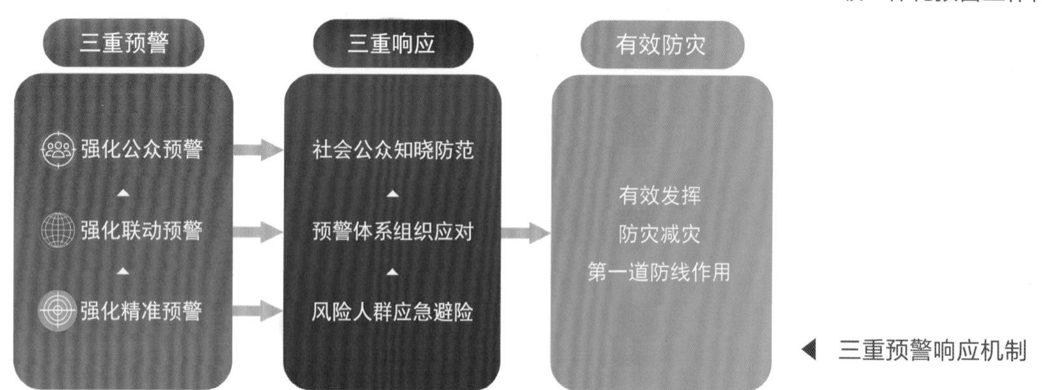

◀ 三重预警响应机制

◀ 重庆市气象局与市水利局签署合作协议

▲ 重庆市气象局与地震、教育部门联合举办知识竞赛

气象科普走进石柱县马武镇石流小学 ▶

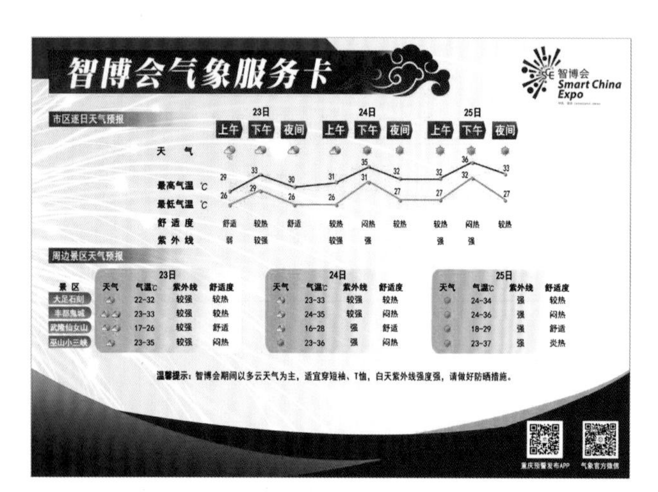

智博会气象服务卡

智博会 Smart China Expo

市区逐日天气预报

	23日上午	23日下午	23日夜间	24日上午	24日下午	24日夜间	25日上午	25日下午	25日夜间
最高气温 ℃	29	33	30	31	35	32	32	36	33
最低气温 ℃	26	29	26	26	31	27	27	32	27
舒适度	舒适	较热	舒适	较热	闷热	较热	较热	闷热	较热
紫外线	弱	较强		较强	强		强	强	

周边景区天气预报

景区	23日 气温℃	紫外线	舒适度	24日 气温℃	紫外线	舒适度	25日 气温℃	紫外线	舒适度
大足石刻	22-32	较强	较热	23-33	较强	较热	24-34	强	较热
丰都鬼城	23-33	较强	较热	24-35	较强	闷热	24-36	强	闷热
武隆仙女山	17-26	较强	舒适	16-28	强	舒适	18-29	强	舒适
巫山小三峡	23-35	较强	闷热	23-36	强	闷热	23-37	强	炎热

温馨提示：智博会期间以多云天气为主，适宜穿短袖、T恤，白天紫外线强度强，请做好防晒措施。

重庆预警发布APP　气象官方微信

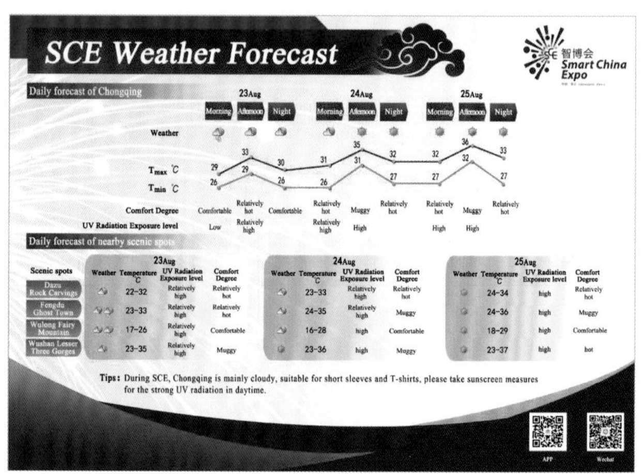

SCE Weather Forecast

智博会 Smart China Expo

Daily forecast of Chongqing

	23Aug Morning	23Aug Afternoon	23Aug Night	24Aug Morning	24Aug Afternoon	24Aug Night	25Aug Morning	25Aug Afternoon	25Aug Night
T_{max} ℃	29	33	30	31	35	32	32	36	33
T_{min} ℃	26	29	26	26	31	27	27	32	27
Comfort Degree	Comfortable	Relatively hot	Comfortable	Relatively hot	Muggy	Relatively hot	Relatively hot	Muggy	Relatively hot
UV Radiation Exposure level	Low	Relatively high		Relatively high	High		High	High	

Daily forecast of nearby scenic spots

Scenic spots	23Aug Temperature ℃	UV Radiation Exposure level	Comfort Degree	24Aug Temperature ℃	UV Radiation Exposure level	Comfort Degree	25Aug Temperature ℃	UV Radiation Exposure level	Comfort Degree
Dazu Rock Carvings	22-32	Relatively high	Relatively hot	23-33	Relatively high	Relatively hot	24-34	high	Relatively hot
Fengdu Ghost Town	23-33	Relatively high	Relatively hot	24-35	Relatively high	Muggy	24-36	high	Muggy
Wulong Fairy Mountain	17-26	Relatively high	Comfortable	16-28	high	Comfortable	18-29	high	Comfortable
Wushan Lesser Three Gorges	23-35	Relatively high	Muggy	23-36	high	Muggy	23-37	high	hot

Tips: During SCE, Chongqing is mainly cloudy, suitable for short sleeves and T-shirts, please take sunscreen measures for the strong UV radiation in daytime.

APP　Wechat

▲ 2018 年，首届中国国际智能产业博览会气象保障

▶ 2. 围绕“精准脱贫攻坚”“乡村振兴行动计划” 强化乡村振兴气象保障

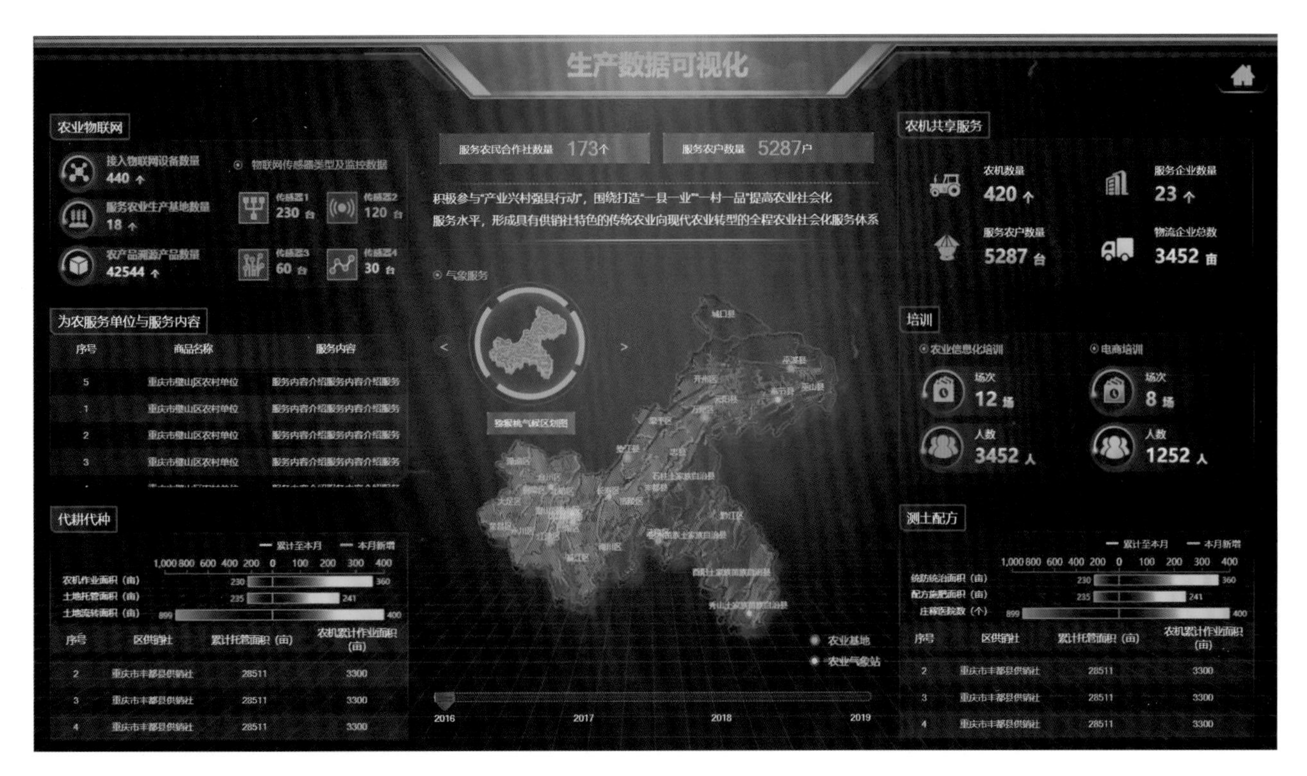

▲ 重庆市气象局农业气象大数据平台

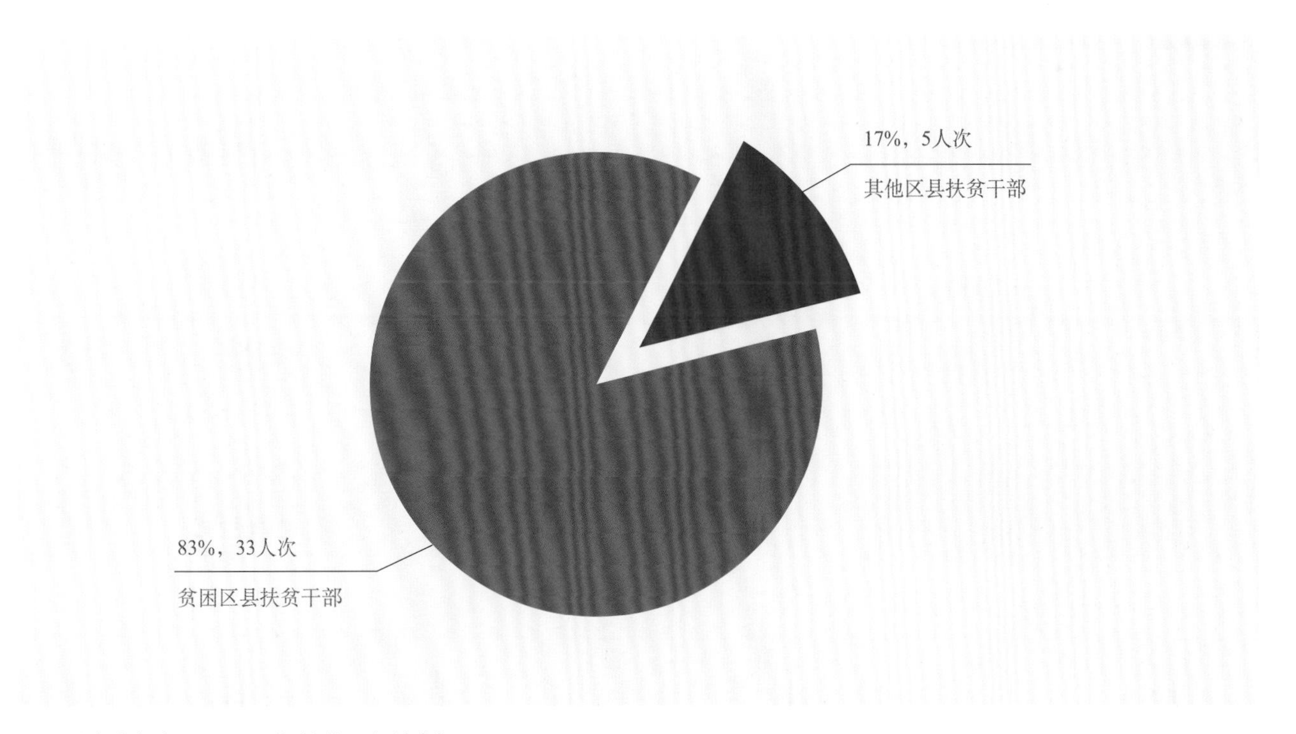

▲ 重庆市气象局 2018 年扶贫干部比例

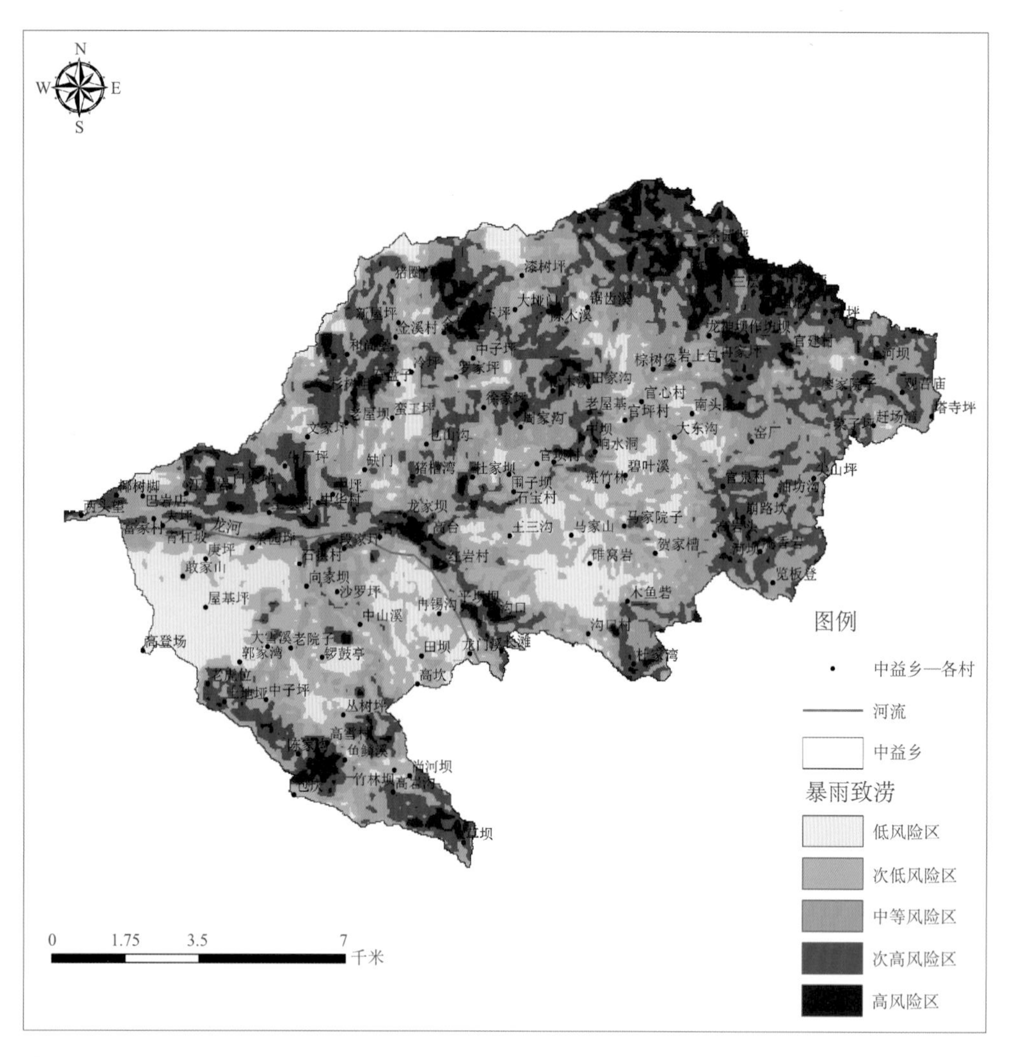

◀ ▼ 石柱中益乡气象灾害风险区划

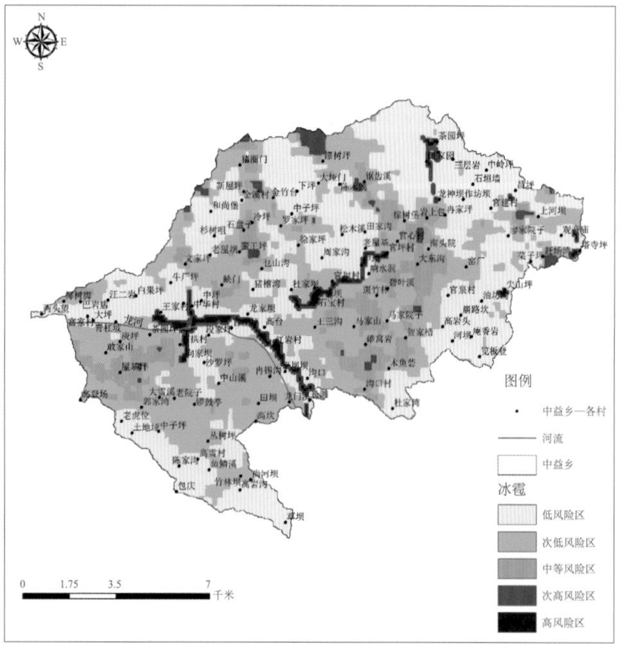

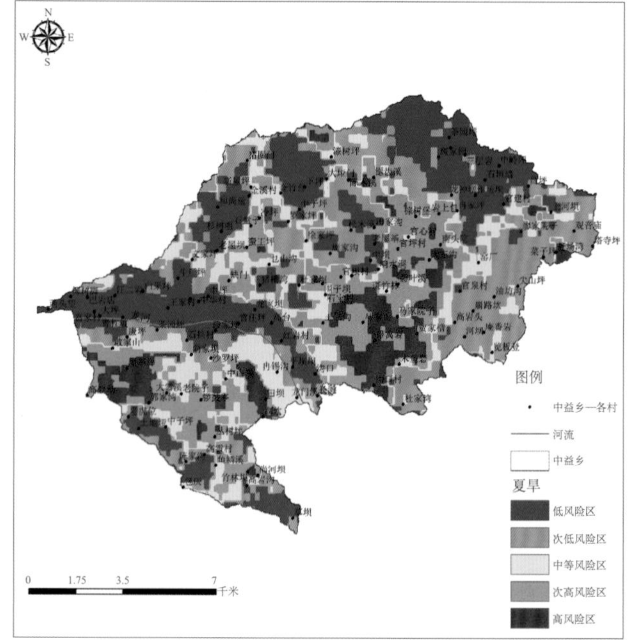

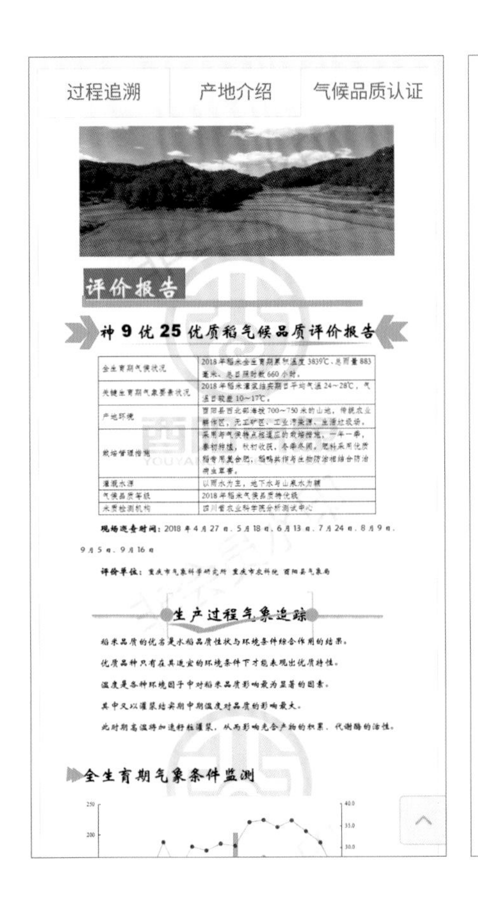

过程追溯 产地介绍 气候品质认证

评价报告

神9优25优质稻气候品质评价报告

全生育期气候状况	2018年稻米全生育期累积温度3839℃、总雨量883毫米、总日照时数660小时。
关键生育期气象要素状况	2018年稻米灌浆结实期日平均气温24~28℃，气温日较差10~17℃。
产地环境	酉阳县西北部海拔700~750米的山地，传统农业耕作区，无工矿区、工业污染源、生活垃圾场。
栽培管理措施	采用与气候特点相适应的栽培措施，一年一季，春初种植，秋初收获，冬季休闲。肥料采用优质稻专用复合肥，稻鸭共作与生物防治相结合防治病虫草害。
灌溉水源	以雨水为主，地下水与山泉水为辅
气候品质等级	2018年稻米气候品质特优级
米质检测机构	四川省农业科学院分析测试中心

现场调查时间：2018年4月27日、5月18日、6月13日、7月24日、8月9日、9月5日、9月16日

评价单位：重庆市气象科学研究所 重庆市农科院 酉阳县气象局

生产过程气象追踪

稻米品质的优劣是水稻品质性状与环境条件综合作用的结果。

优质品种只有在其适宜的环境条件下才能表现出优质特性。

温度是各种环境因子中对稻米品质影响最为显著的因素。

其中又以灌浆结实期中期温度对品质的影响最大。

此时期高温将加速籽粒灌浆，从而影响光合产物的积累、代谢酶的活性。

全生育期气象条件监测

酉阳县浪坪乡脱贫攻坚指挥部办公室

关于在浪坪乡扩大优质水稻种植面积的函

重庆市气象局：

在贵单位的积极参与和鼎力支持下，2018年浪坪乡官楠村1200亩优质水稻增产增收，经测产平均亩产594.2公斤，较上年度当地大面积亩平均（448公斤）增产146.2公斤，群众满意度较高，在此，特向贵单位表示衷心感谢。

为不断夯实脱贫攻坚基础，巩固脱贫攻坚成效，扩大群众受益面，打造浪坪乡绿色生态稻米产业，驻乡工作队和浪坪乡党委政府计划于2019年在全乡扩大生态稻米种植面积（预计4000亩），请贵单位给予大力支持为盼。

后期，驻乡工作队和浪坪乡党委政府将积极协同市气象局、市供销社等成员单位做好浪坪乡绿色生态稻米品牌的打造及营销，确保种植户增产增收。

-1-

◀ 气象科技扶贫助力酉阳浪坪乡种植有机优质稻

4 专题

中国气象报

灵动山水，等您相遇

▲ 开展乡村旅游推介

◀ 和气象服务

▶ 3. 围绕“污染防治攻坚战”“生态优先绿色发展行动计划” 强化生态文明建设气象保障

▲ 重庆市气象局与市生态环境局签署合作协议

三峡库区（重庆段）植被覆盖度变化趋势分布（2000—2018 年）▶

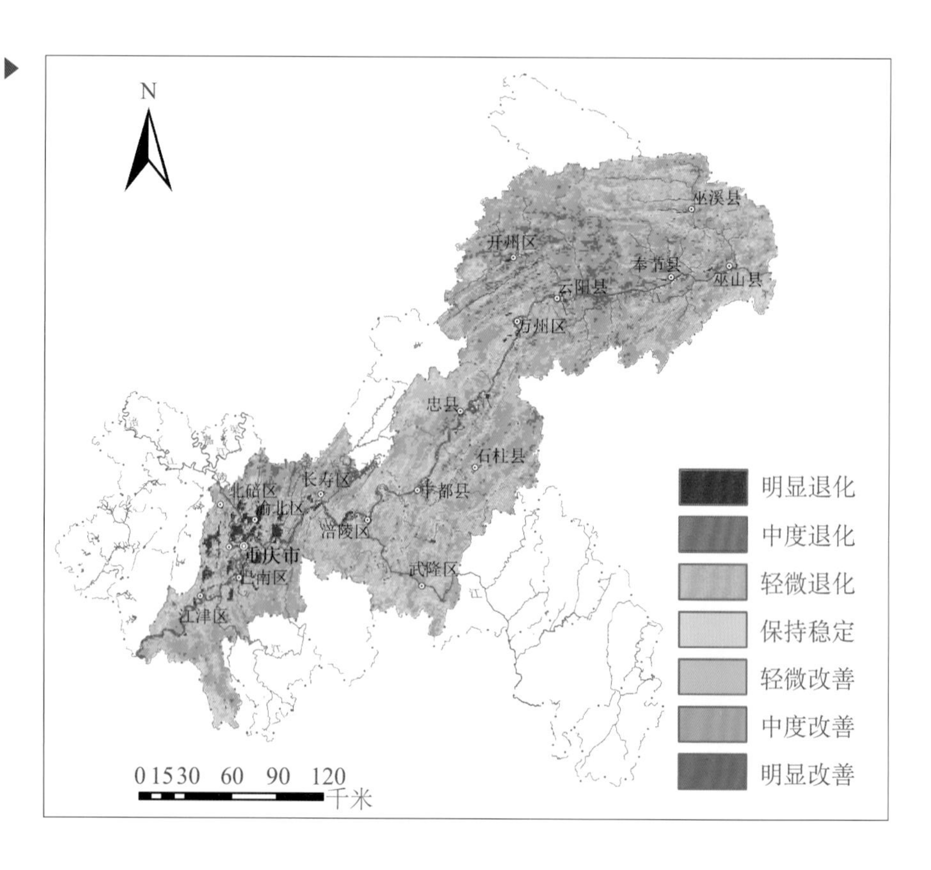

▲ 重庆市百名清凉乡镇（街道）分布

▲ “中国清新清凉峡谷城”授牌仪式

▲ “国家气候养生旅游示范基地”授牌仪式

▲ 城口获“中国生态气候明珠”称号

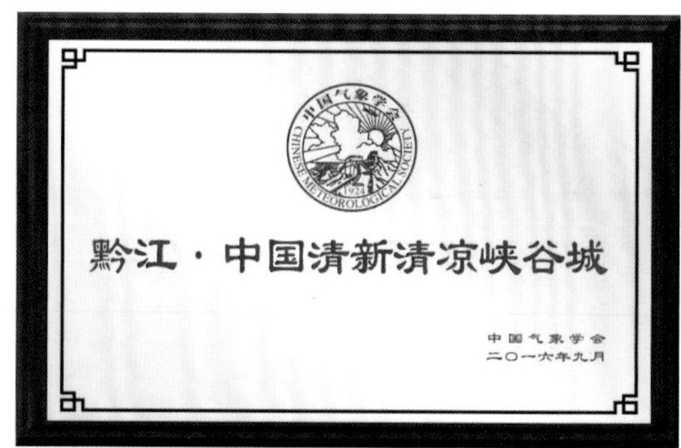

▲ 黔江获“中国清新清凉峡谷城”称号

▲ 酉阳获“中国气候旅游县”称号

▲ 重庆获“国家气候养生旅游示范基地”称号

▶ 4. 围绕“以大数据智能化为引领的创新驱动行动计划” 大力发展智慧气象

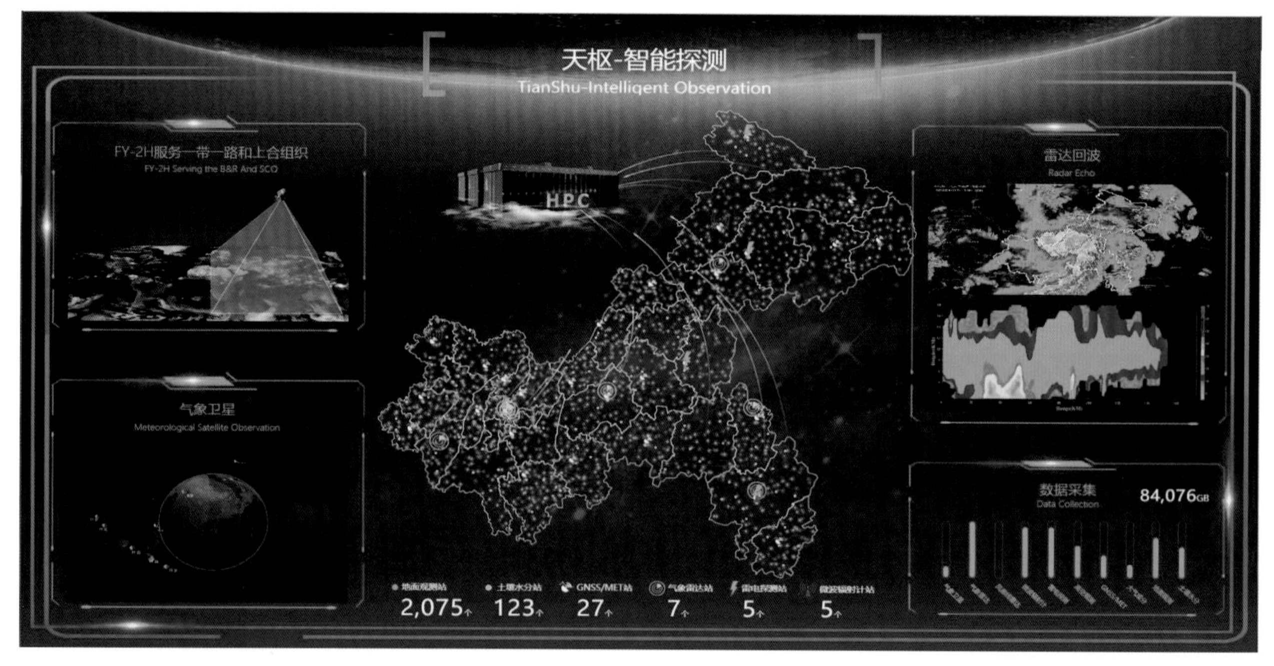

▲ 天枢 · 智能探测系统

▲ 天枢 · 智能气象云平台

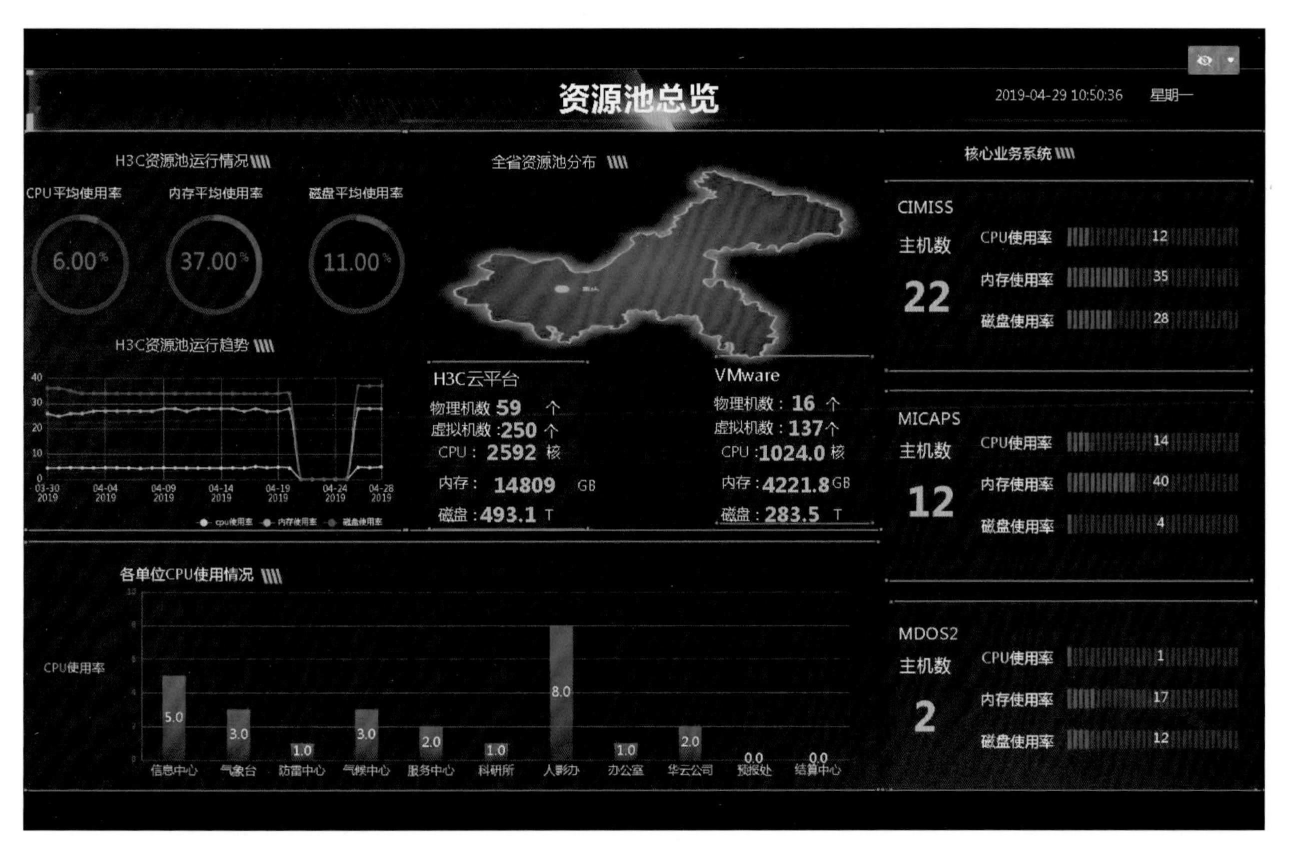

▲ 天枢 · 智能气象资源池

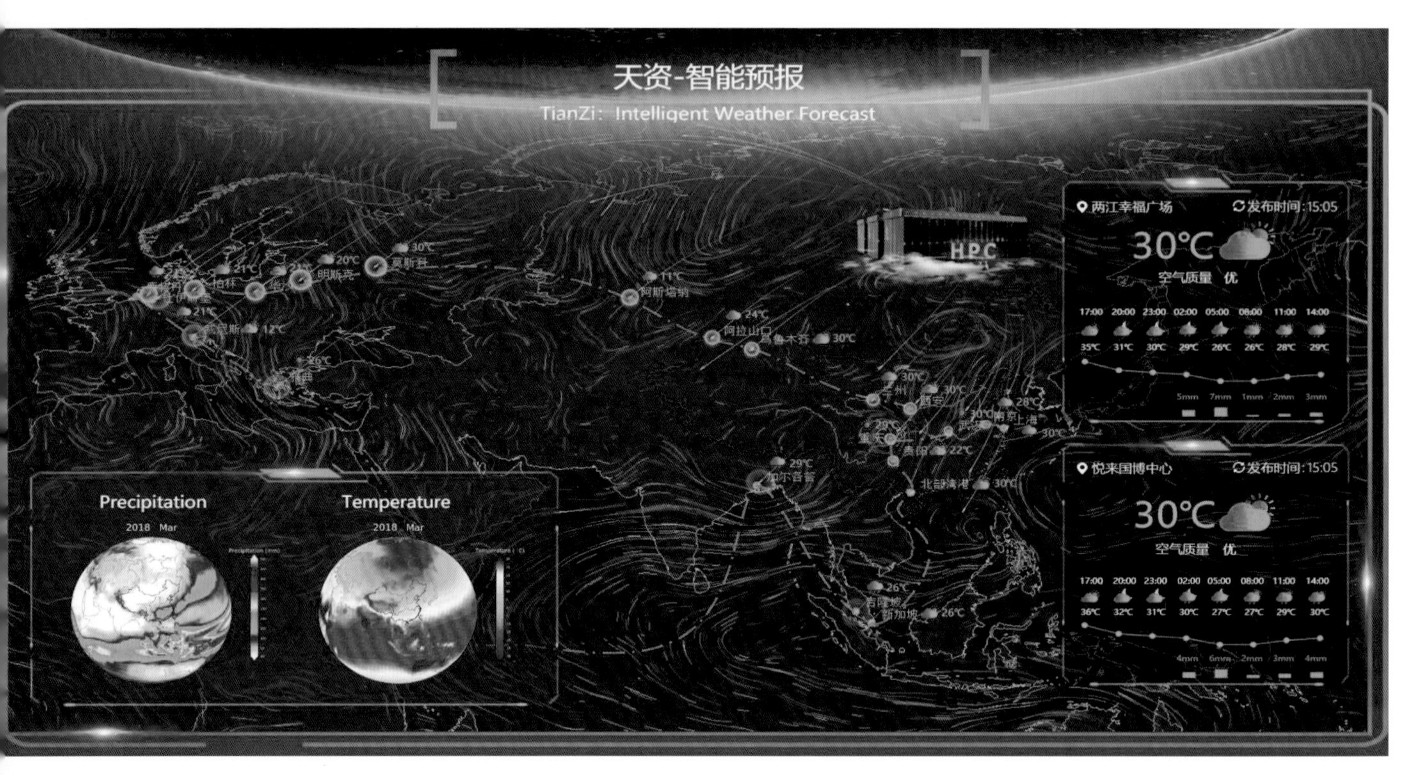

▲ 天资 · 智能预报系统

▲ 天资 · 智能天气预报系统

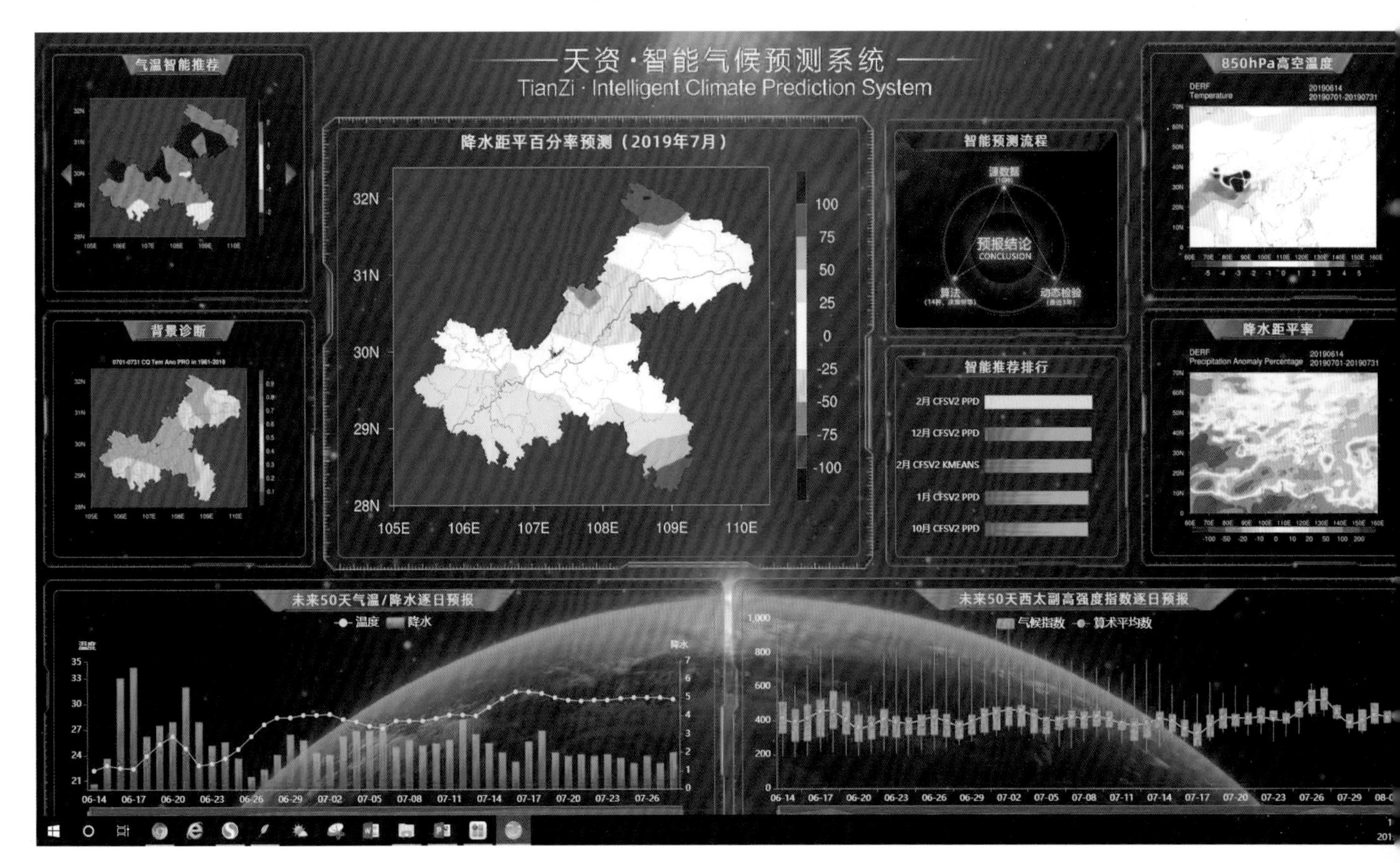

▲ 天资 · 智能气候预测系统

▲ 知天 · 智慧气象服务系统

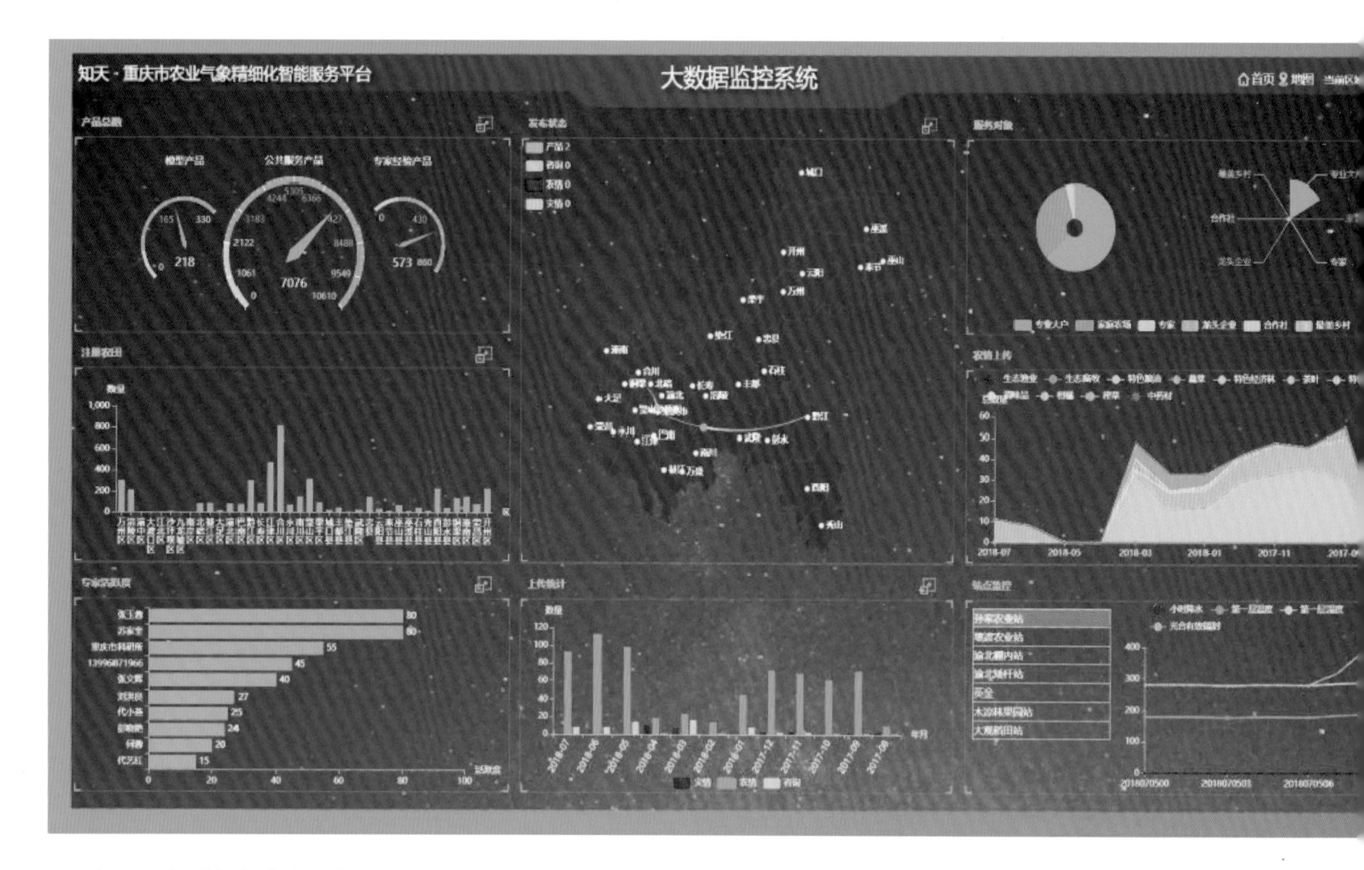

▲ 知天 · 智慧气象为农服务系统

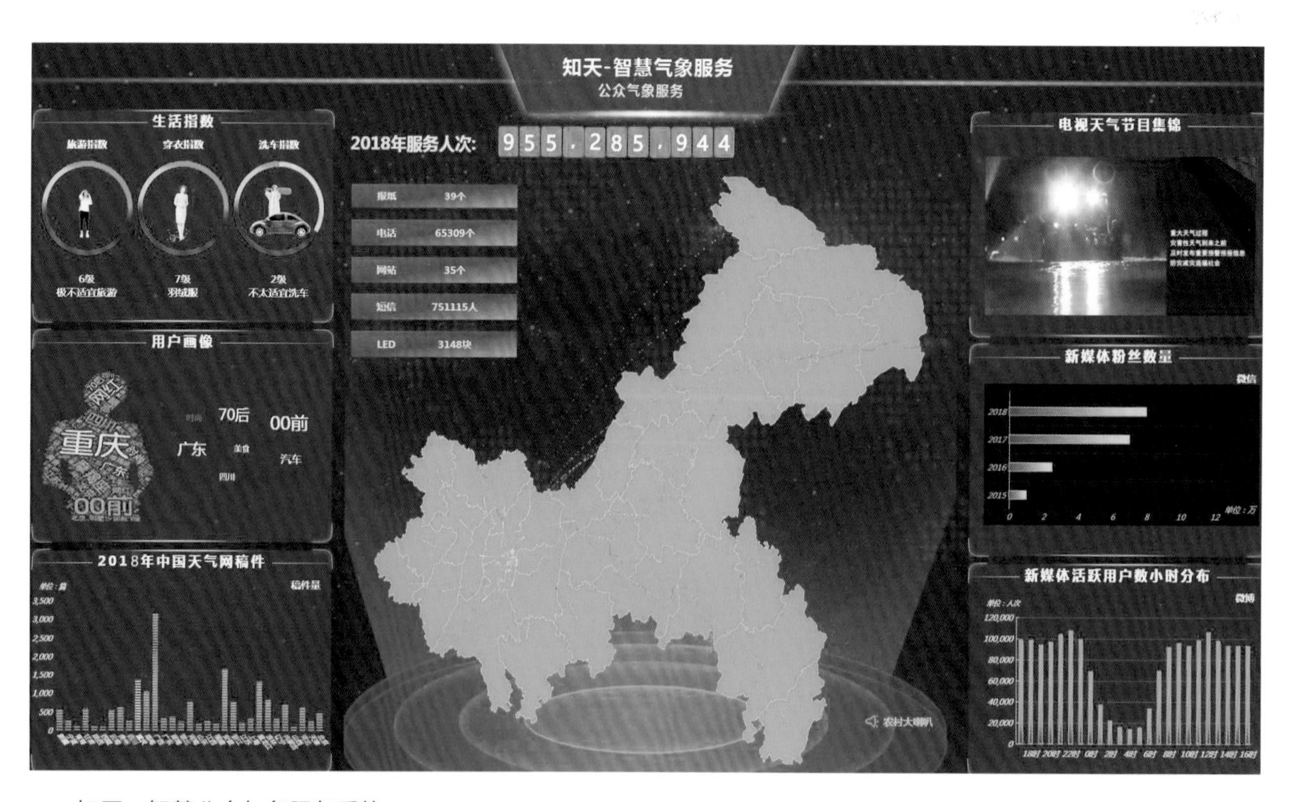

▲ 知天 · 智慧公众气象服务系统

▲ 御天 · 智慧防灾系统

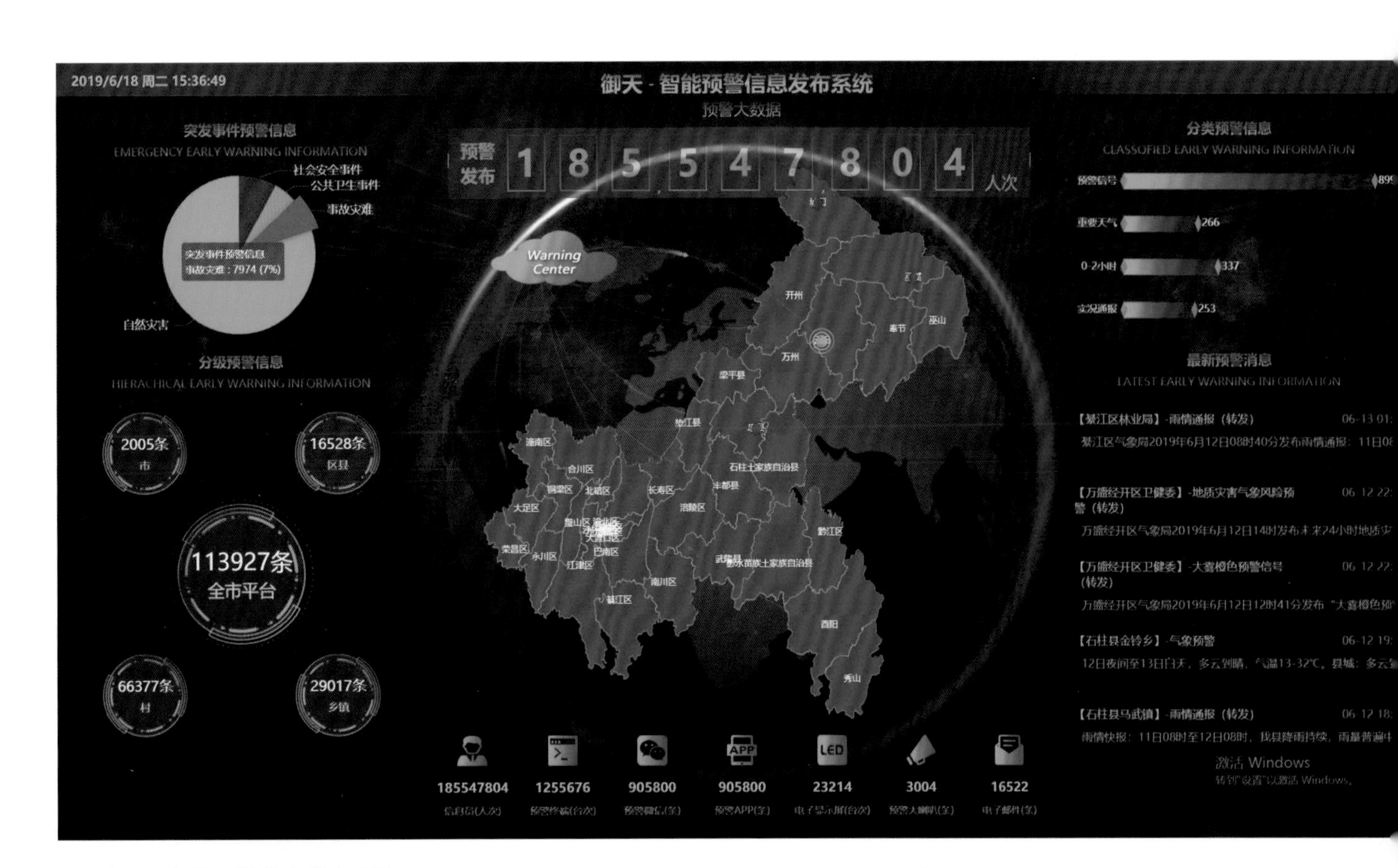

▲ 御天 · 智能预警信息发布系统

▲ 御天 · 智能人工影响天气系统

▶ 5. 围绕“内陆开放高地建设行动计划”“城市提升行动计划” 强化重庆共建“一带一路”和长江经济带绿色发展气象保障

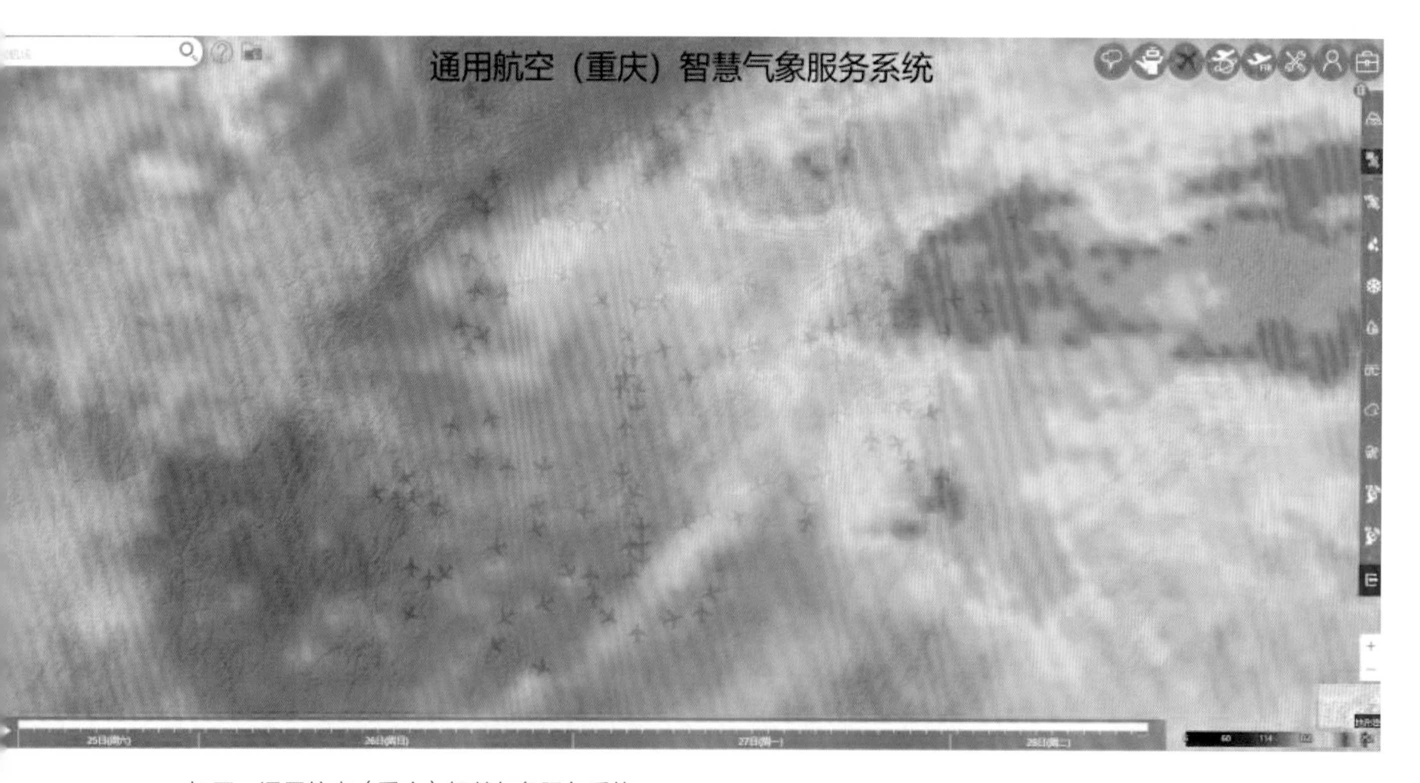

▲ 知天 · 通用航空（重庆）智慧气象服务系统

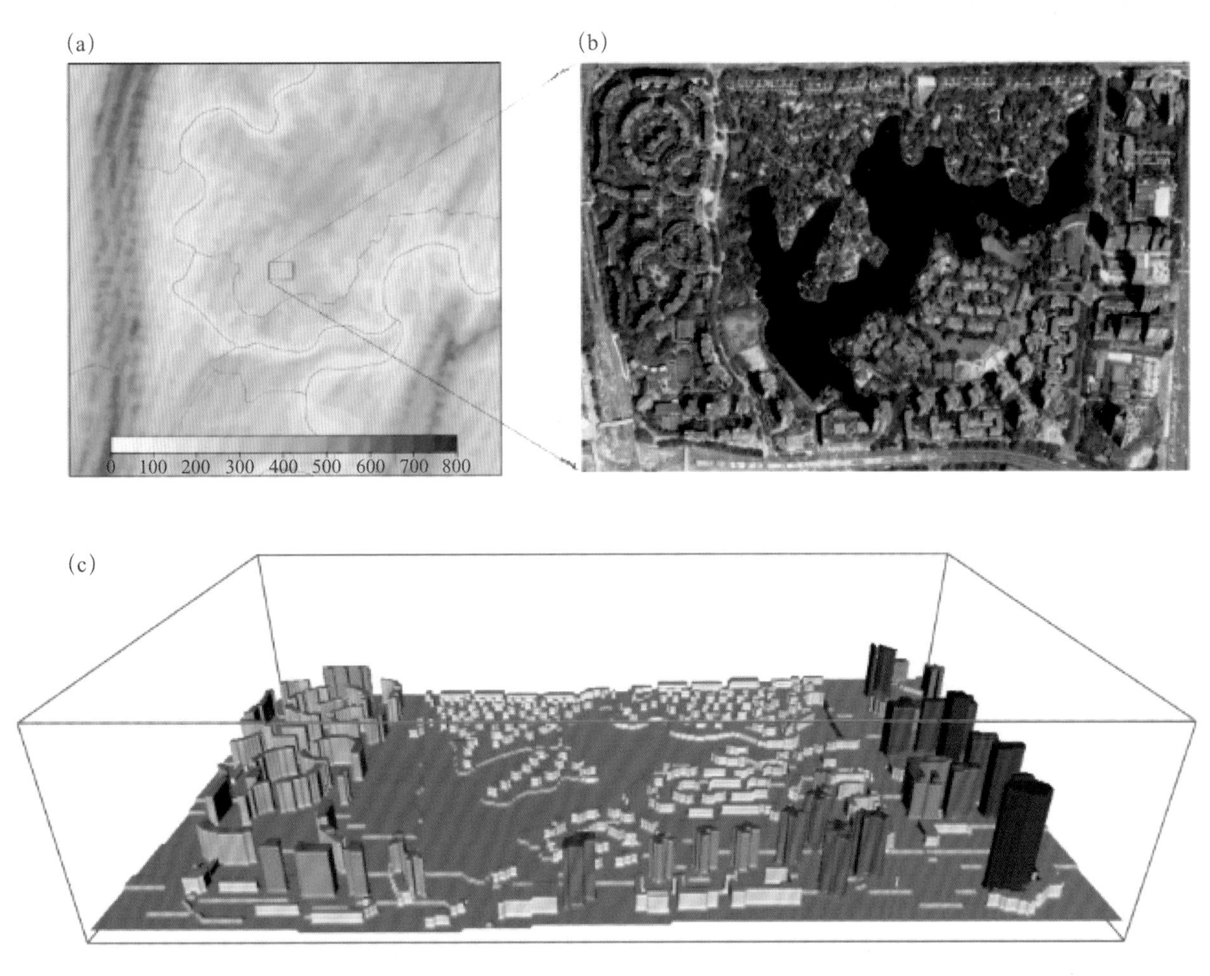

▲ 城市小区气候精细化风环境模拟试验

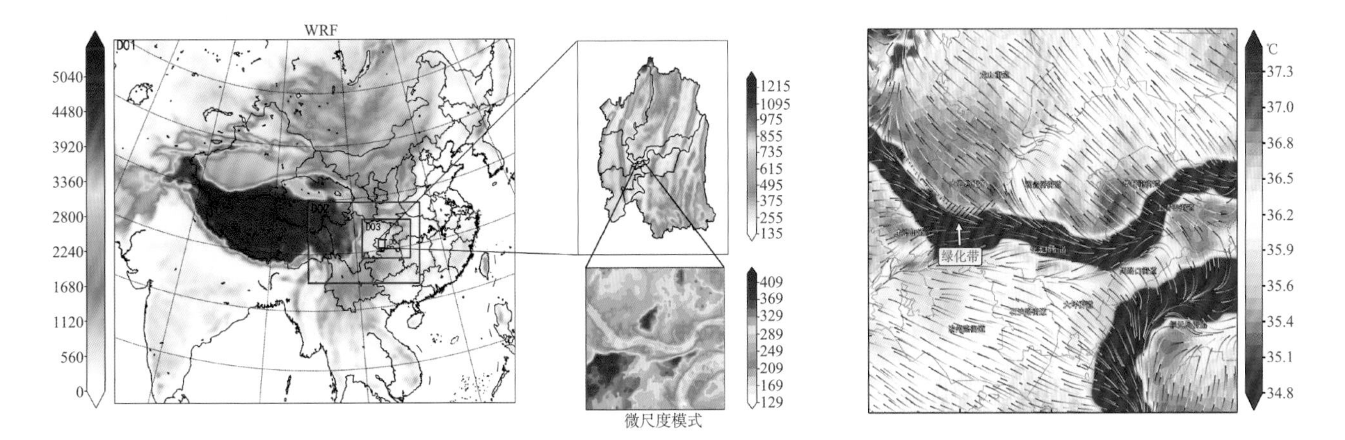

▲ “两江四岸”嘉陵江段规划设计风场和温度场模拟分析

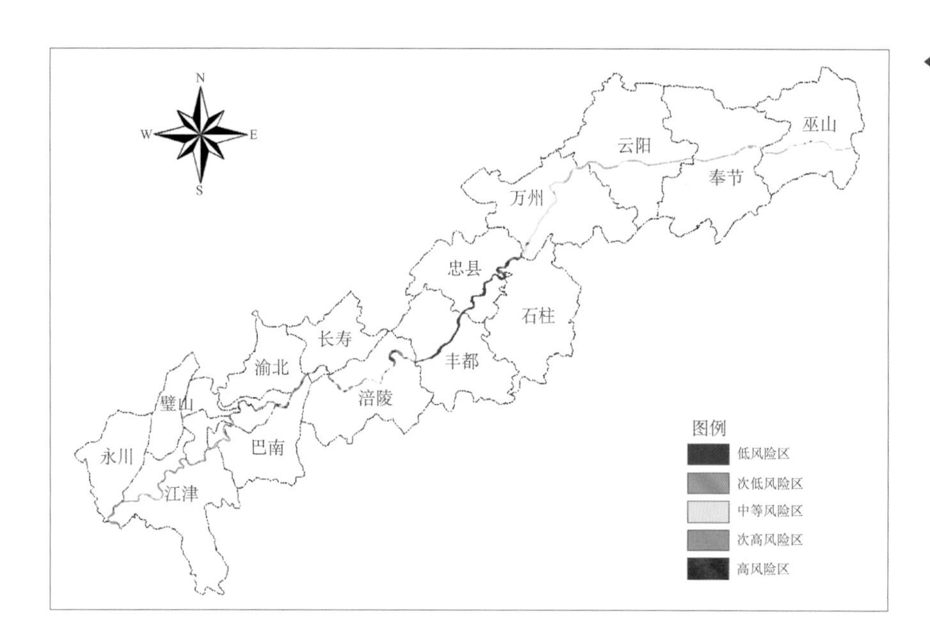

◀ 长江干线重庆段大雾风险区划

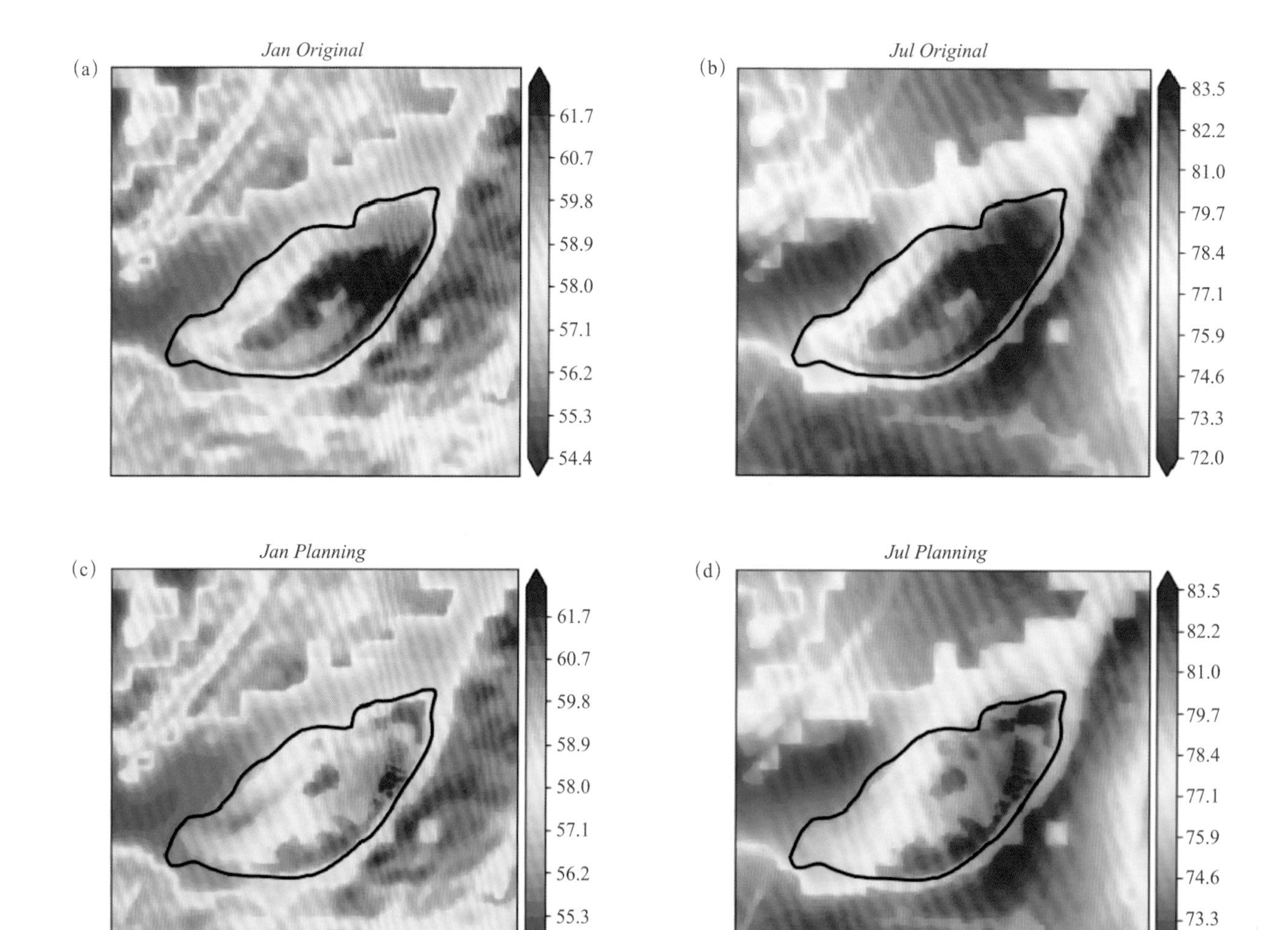

▲ 广阳岛气候资源评估

▶ 6. 围绕“科教兴市和人才强市战略行动计划” 强化开放创新和人才队伍建设

◀ 重庆市气象局与百度签署合作协议

▼ 重庆市政府与腾讯签署合作协议

▲ 重庆市气象局与阿里巴巴签署合作协议

在首届智博会上重庆市气象局联合阿里巴巴发布重庆智慧气象系统 ▶

▲ 重庆市气象局与阿里巴巴、成都信息工程大学、重庆大学、西南大学、重庆邮电大学、重庆师范大学筹备组建天和大数据研究院

▲ 重庆市气象局与长江流域省（市）气象部门联合研发长江经济带数值预报系统

▲ 重庆市气象局与成都信息工程大学签署局校合作协议

▲ 重庆市气象局十二个智慧气象科技创新团队

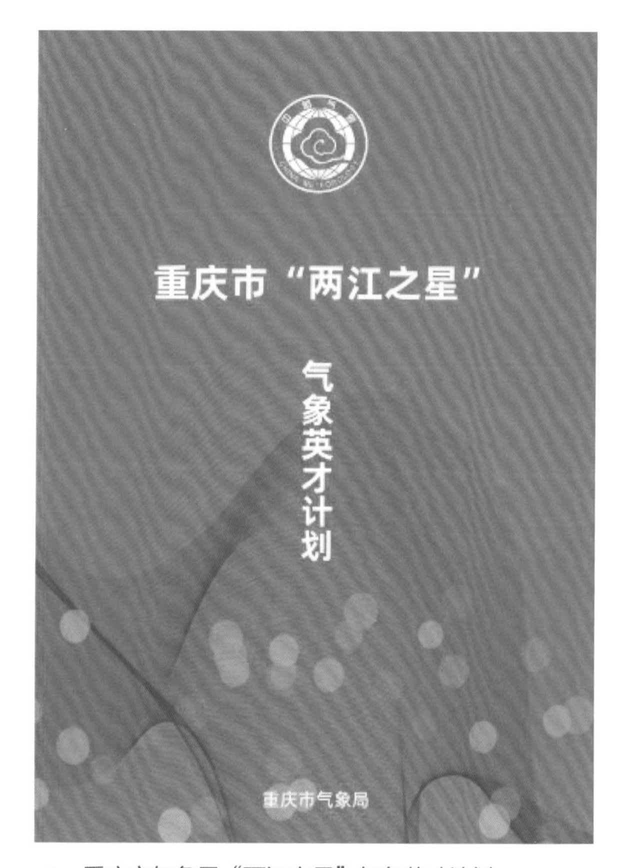

▲ 重庆市气象局“两江之星”气象英才计划

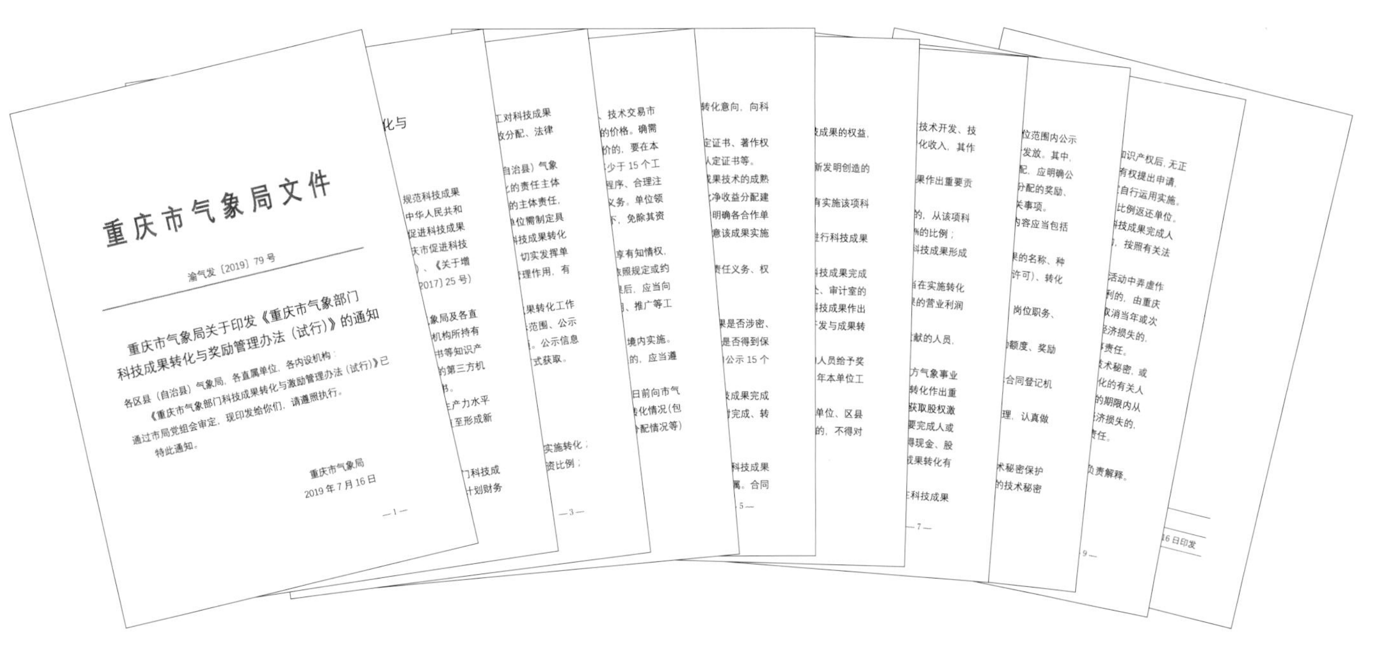
重庆市气象局文件

渝气发〔2019〕79号

重庆市气象局关于印发《重庆市气象部门科技成果转化与奖励管理办法（试行）》的通知

各区县（自治县）气象局，各直属单位，各内设机构：

《重庆市气象部门科技成果转化与激励管理办法（试行）》已通过市局党组会审定，现印发给你们，请遵照执行。

特此通知。

重庆市气象局

2019年7月16日

—1—

▲ 重庆市气象局印发《重庆市气象部门科技成果转化与奖励管理办法（试行）》

▸ 7. 围绕重庆自然山水和历史文化两大“本底”优势　创新创建重庆三峡国家气象公园

▲ 重庆市气象局与重庆市文化和旅游发展委员会签署合作协议

▲ 重庆三峡国家气象公园初步建设方案

重庆市“我最喜欢的10项改革”网络评选活动

排名	编号	名称	点赞数
1	008	推动重庆钢铁改革	343270
2	006	推进公共服务“全渝通办”	343051
3	013	建立流域横向生态保护补偿机制	317638
4	005	创建重庆三峡国家气象公园	195538
5	019	探索基层医疗卫生机构集团化管理改革	181335
6	017	推行事业单位岗位能上能下制度改革	142022
7	001	深化中国（重庆）自由贸易试验区改革	119666
8	018	开展知识价值信用贷款改革试点	90302
9	004	创设重庆石油天然气交易中心	71826
10	020	建立全市巡视巡察联动新机制	23107

▲ “创建重庆三峡国家气象公园”在重庆市“我最喜欢的 10 项改革”评选中位列第四

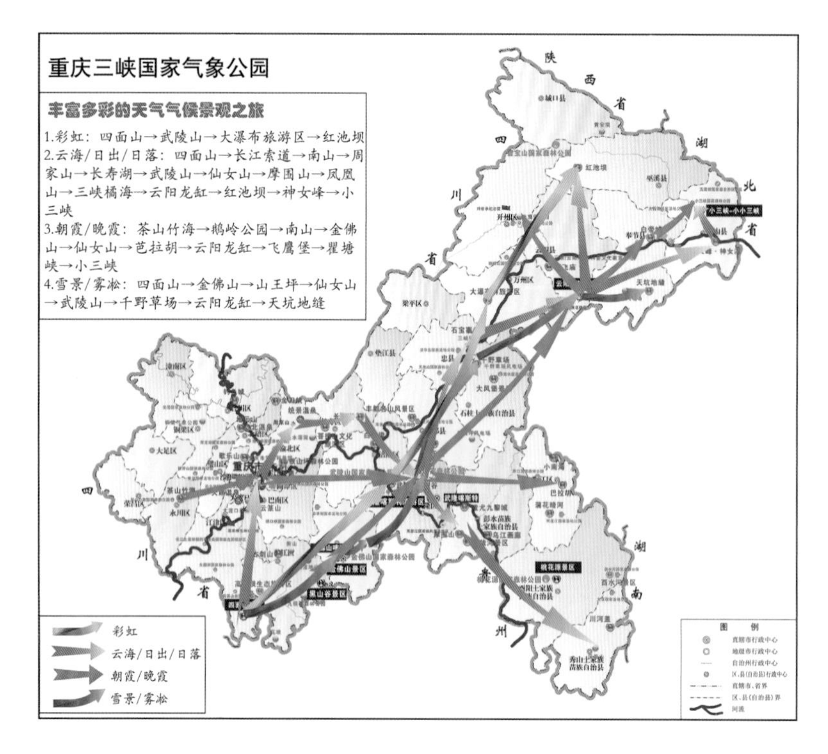

◀ 丰富多彩的天气气候资源分布

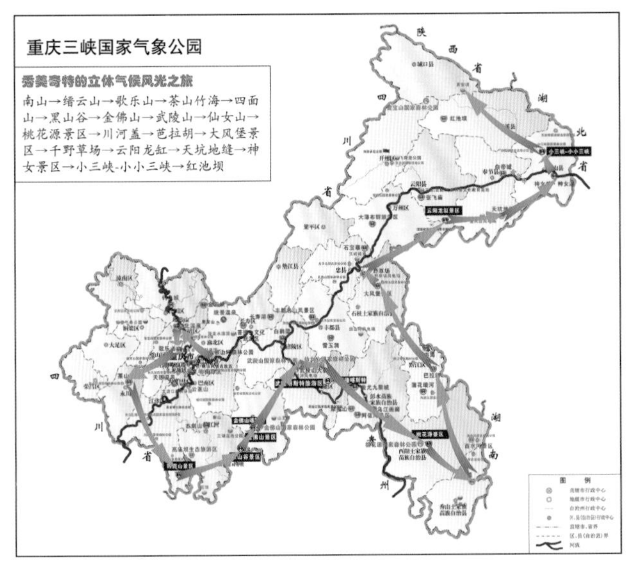

▲ 秀美奇特的立体气候资源分布

▲ 悠久厚重的气象历史文化资源分布

▲ 鬼斧神工的喀斯特地貌分布

▲ 得天独厚的气候养生资源分布

▶ 8. 围绕营造良好政治生态　抓党建、转作风、融业务

▲ 重庆市气象局与市水利局联合开展党组中心组学习

▲ 重庆市气象局与市地震局联合开展党组中心组学习

重庆市气象局领导深入气象服务一线开展调研

重庆渝东北部分地区气象工作若干问题调研报告

按照2018年市局党组重大调研工作计划，在建峰同志的领导下，市局办公室、人事处、计财处等单位对城口、开州、巫溪、云阳4个地区气象工作情况开展调研。通过以春节慰问和民主生活会督导为契机开展实地考察、座谈调研，查阅近年来4个区县气象局的工作总结、年度考核资料，与各单位主要负责人沟通了解情况，结合2018年4个单位的巡察工作情况等方式，分析气象工作中存在的突出问题和短板，研究提出有针对性的工作建议。现将有关调研情况报告如下：

一、基本情况及特色亮点工作

城口、开州、巫溪、云阳位于重庆渝东北，属于重庆边远和欠发达地区的典型代表。地方财政较为困难，对气象工作的支持力度有限；离主城距离较远，不利于吸引和留住人才；近两年扶贫任务较重，人少事多的压力较为突出。4个单位虽环境条件较为艰苦、各方面的困难也较多，但近些年来在工作上还是取得了一定的成绩，呈现出不同的亮点。**城口积极稳妥推进防雷减灾体制改革。**县政府印发《关于优化建设工程防雷许可的实施意见》，将防雷安全纳入全县安全目标责任，确保相关部门和单位落实防雷监管职责。印发《城口县防雷安全监管联席会议制度》，明确了防雷联席会议的

·1·

重庆市气象部门干部队伍建设和人才队伍培养调研报告

为贯彻落实习近平总书记关于在全党大兴调查研究之风的重要指示精神，按照2018年重庆市气象局党组重大调研工作要求和调研计划，由市局党组书记、局长顾建峰牵头，人事处、预报处组成调研组，采取问卷调查、座谈研讨、实地考察、综合分析等方式，对全市气象部门干部队伍建设和人才队伍培养情况进行了调研，现将有关情况报告如下。

一、调研工作开展情况

市局党组印发调研计划后，调研组对调研内容进行了集体研讨分析，制定了调研方案。

调研期间，组织开展问卷调查2次，主题包括《重庆气象部门干部和人才队伍调查问卷》和《重庆气象部门人才培养工作调查问卷》，合计设置问题46个，内容包括对干部人才工作的评价、干部人才工作存在的主要问题、针对领导干部和人才的培养手段等，合计回收有效调查问卷436份。参与中国气象局问卷调查1次，主题为《青年气象科技人才发展的若干问题研究问卷调查》。

组织相关座谈会近30次，参加座谈对象包括百度、阿里、中科院重庆绿色智能技术研究院、成都信息工程大学、北京市气象局、天津市气象局、上海市气象局、重庆市环保局、重庆市水利局、重庆市旅游发展委员会、重庆市地震局、

·14·

重庆市气象部门落实双重计划财务体制情况调研报告

根据市局2018年调研计划，计划处采取开展问卷调查，到区县局实地调研等方式开展调研工作。充分掌握第一手资料后，计财处经过反复讨论、进行数据分析，形成了调研报告，现将重庆市气象部门落实双重计划财务体制情况报告如下。

一、落实双重计划财务体制地方出台的相关政策措施及工作进展情况

2009年，中国气象局与重庆启动部市合作，共建重庆统筹城乡气象事业发展与改革试验区。2011年，中国气象局将重庆作为基本实现气象现代化试点省市，纳入全国率先现代化序列。2015年中国气象局与重庆市人民政府召开第三次部市合作联席会议，会议提出双方将继续加大投资力度，中央、地方财政按1:1比例投资气象事业"十三五"建设；共同建立完善重庆气象现代化设施运行维持长效机制，经费由中央、市、区县财政按1:1:1比例共同承担，确保气象现代化建设可持续发展等。

2015年，我局以防雷体制改革试点工作为契机，报经市政府批准，将全市防雷事业收支纳入地方财政管理。市财政联合市气象局下发了《关于进一步落实气象事业双重计划财务体制的通知》（渝财农〔2015〕311号）文件，文件中明确要求各区县财政局"加快建立稳定的重庆气象事业人员经费保障机制，促进重庆气象事业可持续发展"、"全市防雷设

·45·

地面气象观测自动化业务调研报告

根据《中共重庆市气象局党组关于印发<2018年重庆市气象局党组重大调研工作计划>的通知》（渝气党发〔2018〕23号）要求，结合中国气象局《综合气象观测业务发展规划（2016-2020年）》制定的综合观测业务发展目标和2018年中国局下达的观测业务自动化重点工作任务等安排，在李良福副局长的带领下，观测处就我市推进地面观测业务自动化工作开展了全市气象台站问卷调查及台站现场调研工作。通过调研，摸清全市气象台站地面观测业务人员情况、全市地面观测业务运行和装备保障现状，了解近年来我市地面观测自动化工作推进情况以及遇到的困难，同时对实现地面气象观测自动化技术方案优化调整、工作职责调整、工作流程调整、规章制度调整等有了全新认识，做到全面实现地面气象观测自动化"心中有数"。下面就调研情况汇报如下：

一、全市地面观测业务现状

（一）观测人员情况

截止2018年10月底，全市35个国家级地面观测站从事地面气象观测业务人员共141人，与2012年调查人数150人基本持平。按学历划分，大学本科以上15人（占11%），本科104人（占74%），本科以下22人（占15%）；按职称划分，高工5人（占4%），工程师61人（占43%），助工及其他75人（占53%）。

·55·

智能预报发展调研报告

根据《2018年重庆市气象局党组重大调研工作计划》（渝气党发〔2018〕23号），贯彻落实《重庆市以大数据智能化为引领的创新驱动发展战略行动计划（2018-2020）》，加快建设智慧气象"一平台六系统"，推动智能预报"天眼"系统建设，市气象局由[illegible]副局长带队，预报处、气象台、气候中心、信息中心等有关单位组成的调研组，采取走访座谈、书面调研、网络资讯等方式，围绕智能预报发展情况进行了调研，现将调研情况报告如下：

一、人工智能技术在智能预报方面的发展现状

随着信息技术的迅猛发展，云计算、大数据、物联网、移动互联、人工智能等现代信息技术在气象领域迅速应用，促进了气象预报预测和服务的重大变革，促进了智慧气象的新发展。

2013年10月Earth Risk发布了一个40天的气温概率预报模式TempRisk Apollo，该模式通过深度学习方法，利用近百年的气象历史数据和千亿次计算来建立气候模式，然后将这些模式与当前的气候条件进行比较，再运用预测性分析方法计算冷热天气的概率。2017年3月AccuWeather网站[illegible]，依靠时间序列分析、机器学习等技术，实现了[illegible]预报、月和季的预测。2017年7月IBM的人工智能机器学习系统在云量预报精度上已可以做到优于模式30%以上。2018年10月《美国国家科学院院刊》（PNAS）近日刊发的一项研

重庆市气象部门基层党建问题分析及对策

党的十八届六中全会提出推进全面从严治党向纵深发展，党的十九大把加强基层组织建设作为提高党的执政能力和领导水平的重要内容。治国安邦，重在基础；管党治党，重在基层。基层党建工作是党的组织建设的重要环节，[illegible]。根据《中共重庆市气象局党组关于印发〈2018年重庆市气象局党组重大调研工作计划〉的通知》（渝气党发〔2018〕23号）要求，机关党委办公室采取问卷和实地走访等相结合的方式，通过基层座谈、数据调取、述职点评、个别谈话、集体座谈等方式，对全市气象部门基层党建工作情况和存在的问题进行了调查研究，并提出了相关建议。现将调研主要情况和主要建议报告如下：

一、我市气象部门基层党建工作现状分析

（一）组织体系建设情况

1.党员队伍情况

我市气象部门现有党员824人，其中，市局322人，占党员总数的39%；区县局502人，占党员总数的61%。全市气象部门在编在职职工党员555人，占党员总数的67.4%，占在编在职职工总数的58.5%，其中，市局内设机构、直属单位党员249人（占市局在编在职职工78.3%），区县局306人（占

打造生态气候品牌，助推重庆经济社会建设

根据市局党组安排，2018年7-11月，[illegible]组织党、气候中心、科研所、气象服务中心等单位，围绕气候资源开发利用、气候生态品牌构建和综合以及国家气象公园创建等方面工作，通过赴中国气象局和内蒙古、宁夏、浙江、安徽、江西、陕西、湖北等省气象局和市级部门实地调研、网上调研、电话咨询等多种方式开展了研究。现将有关情况报告如下。

一、调研背景

近年来，中国气象局和部分省级气象部门相继开展了"国家气候标志"、"中国天然氧吧"、"气候养生之乡"、"气候好产品"等系列生态气候品牌评定工作，已经成为气象服务工作融入生态文明建设的重要抓手。2018年以来，重庆市全面贯彻党的十九大精神，深入落实习近平总书记对重庆提出的"两点"定位、"两地""两高"目标和"四个扎实"要求，制定了"三大攻坚战"、"八项行动计划"，各项工作迅猛推进，在新形势下，社会经济的高质量发展给气象部门提出了新的要求和新的挑战，特别是我市生态气象工作基础薄弱，相关专业技术、人才科技支撑体系尚未完全建立，还不能适应重庆社会经济发展的需要，亟待借鉴先进技术和先进经验提升整体水平。此次调研紧紧围绕生态文明建设体制机制以及相关业务技术进行。

重庆市气象局党组调研报告

▲ 重庆市气象局党组 8 个巡察组实现全市气象部门 46 个单位巡察全覆盖

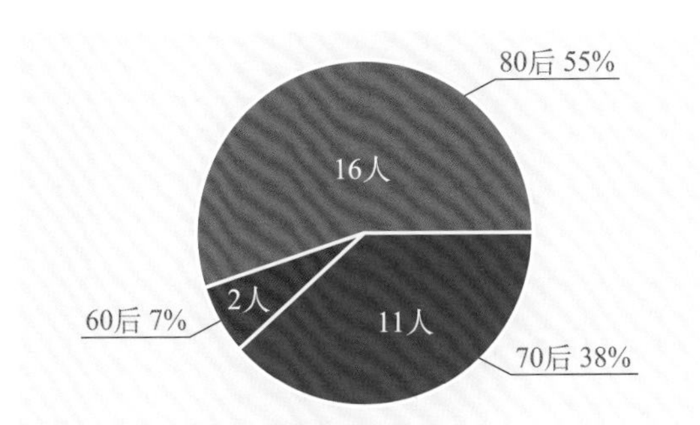

◀ 选拔党组管理的领导干部（29人）年龄情况

▲ 重庆市气象部门干部党政专题培训班

▲ 重庆市气象局获市直机关学习宣传贯彻党的十九大精神知识竞赛决赛团体二等奖

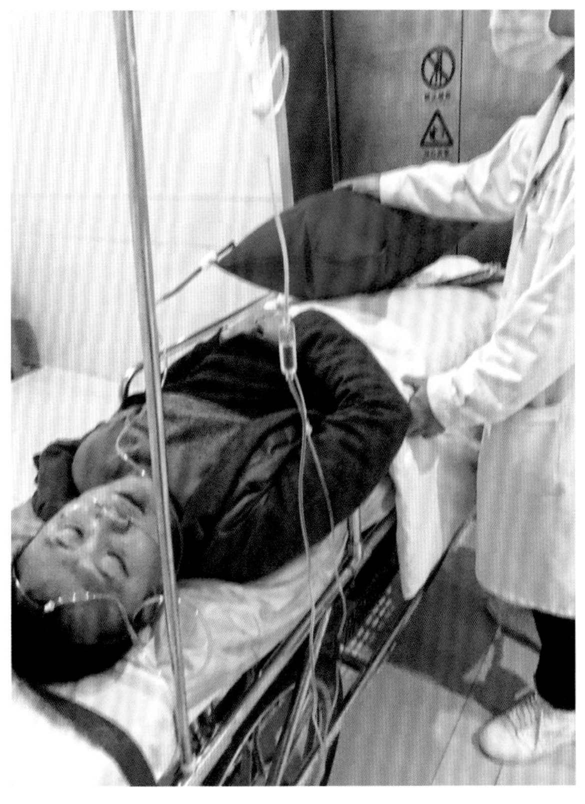

▲ 连续工作 15 天的重庆市气象局驻村干部累倒了

▲ 重庆市气象局驻村干部背贫困老人办户口

◀ 2018 年重庆市气象部门迎春联欢会

助力重庆加快建设内陆开放高地

助力重庆加快建设山清水秀美丽之地

助力重庆推动高质量发展

助力重庆创造高品质生活

助力重庆在推进新时代西部大开发中发挥支撑作用

助力重庆在推进共建“一带一路”中发挥带动作用

助力重庆在推进长江经济带绿色发展中发挥示范作用

远航篇（2019 年—）

两地两高三作用
不破楼兰终不还

两地两高三作用

中共重庆市委实施乡村振兴战略工作领导小组办公室文件

渝委乡振组办〔2019〕4 号

中共重庆市委实施乡村振兴战略工作领导小组办公室关于印发《重庆市实施乡村振兴战略气象行动方案（2019-2022 年）》的通知

各区县（自治县）委实施乡村振兴战略工作领导小组办公室，市委实施乡村振兴战略工作领导小组各成员单位：

《重庆市实施乡村振兴战略气象行动方案（2019-2022 年）》已经市政府领导同意，现印发给你们，请结合实际认真贯彻落实。

中共重庆市委实施乡村振兴战略工作领导小组办公室

2019 年 4 月 8 日

- 1 -

▲《重庆市实施乡村振兴战略气象行动方案（2019—2022 年）》

重庆市气象局
重庆市规划和自然资源局
重庆市生态环境局
重庆市农业农村委员会
重庆市文化和旅游发展委员会
重庆市林业局
文件

渝气发〔2019〕60 号

重庆市气象局 重庆市规划和自然资源局 重庆市生态环境局 重庆市农业农村委员会 重庆市文化和旅游发展委员会 重庆市林业局 关于印发《重庆市生态文明建设气象行动方案（2019-2022 年）》的通知

各区县（自治县）气象局、规划自然资源局、生态环境局、农业农

— 1 —

▲《重庆市生态文明建设气象行动方案（2019—2022 年）》

中国气象服务协会

中气协发〔2019〕2 号

关于确定首批国家气象公园试点建设地区的通知

安徽黄山风景区管委会、重庆三峡国家气象公园试点建设领导小组办公室：

为深入贯彻党的十九大精神，践行习近平总书记“两山”理论，落实《国务院办公厅关于促进全域旅游发展的指导意见》有关要求，加快推进国家气象公园试点建设工作，依据《国家气象公园试点建设管理办法（试行）》（中气协发〔2018〕3 号）规定，经专家审查并报中国气象服务协会会长办公会审定，确定安徽黄山风景区、重庆三峡地区作为首批国家气象公园试点建设地区。

▲ 重庆三峡被列为首批国家气象公园试点建设地区

重庆市生态文明体制改革专项小组

重庆市生态文明体制改革专项小组关于明确重庆三峡国家气象公园试点建设领导小组成员及主要职责的通知

各区县（自治县）人民政府，专项小组有关成员单位，有关单位：

2019 年 1 月 17 日，重庆三峡国家气象公园通过由中国气象局组织的首批国家气象公园试点建设审查，重庆三峡地区被确定为首批国家气象公园试点建设地区，并正式启动试点建设。经市政府领导同意，明确重庆市生态文明体制改革专项小组为重庆三峡国家气象公园试点建设领导小组（简称“领导小组”），统筹推进试点建设工作。现将有关事项通知如下：

一、组成人员

组　长：陆克华　市政府副市长

副组长：顾建峰　市气象局局长

辛世杰　市生态环境局局长

刘　旗　市文化旅游委主任

成员单位：市发展改革委、市经济信息委、市规划自然资源

▲ 重庆市成立三峡国家气象公园试点建设领导小组

重庆市人民政府办公厅文件

渝府办发〔2019〕53号

重庆市人民政府办公厅
关于成立重庆市减灾委员会及
相关专项指挥部的通知

各区县（自治县）人民政府，市政府有关部门，有关单位：

为进一步加强全市防灾减灾救灾工作的统筹指导和综合协调，经市政府同意，成立重庆市减灾委员会（以下简称市减灾委）及相关专项指挥部。现将有关事项通知如下：

一、市减灾委组成人员

主　任：唐良智　市委副书记、市政府市长

副主任：吴存荣　市委常委、市政府常务副市长

— 1 —

组织、指挥、协调各级抢险救援力量，做好地震、地质灾害应急救援工作；收集、掌握地质灾害有关信息，发布大型、特大型突发地质灾害灾情（险情）和地震信息，向市政府报告工作信息和应急处置情况；指导协调市级有关部门和有关区县政府开展抗震救灾、灾后恢复与重建工作。

（四）市气象灾害防御指挥部。

1．组织架构。

指 挥 长：吴存荣　市委常委、市政府常务副市长

副指挥长：李殿勋　市政府副市长

李明清　市政府副市长

游贤勇　市政府副秘书长

周　青　市政府副秘书长

顾建峰　市气象局局长

冉进红　市应急局局长

成　　员：市委宣传部、市委网信办、市发展改革委、市教委、市科技局、市经济信息委、市公安局、市民政局、市财政局、市规划自然资源局、市生态环境局、市住房城乡建委、市城管局、市交通局、市水利局、市农业农村委、市商务委、市文化旅游委、市卫生健康委、市应急局、市国资委、市林业局、重庆银保监局、重庆海事局、市气象局、市通信管理局、重庆铁路办事处、民航重庆监管局、民航重庆空管分局、重庆警备区、市消防救援总队、国网市电力公司分管负责人。

— 7 —

▲ 重庆市成立减灾委员会及气象灾害防御等 4 个专项指挥部

重要气象信息专报

2019年 第16期

重庆市气象局　2019年5月22日16:00　签发：顾建峰

雷雨天气将至　偏南地区有暴雨

摘要： 受高空槽和切变线影响，预计24日凌晨至25日早上，我市有一次雷雨天气过程，偏南地区有暴雨。

一、天气预报

受高空槽和切变线影响，预计24日凌晨至25日早上，我市有一次雷雨天气过程，累计雨量中西部偏南及东南部地区60～80毫米，局地120毫米；西部偏西及东北部偏北地区30～60毫米，局地80毫米；其余地区10～30毫米（图1）；最大小时雨强30～50毫米。过程中部分地区伴有短时强降水，局地有阵性大风。

—1—

重庆市人民政府办公厅电子公文

关于做好强降雨天气过程防范应对工作的
紧急通知

有关区县(自治县)政府，市政府有关部门，有关单位：

受高空槽和切变线影响，预计24日凌晨至25日早上，我市有一次雷雨天气过程，累计雨量中西部偏南及东南部地区60～80毫米，局地120毫米；西部偏西及东北部偏北地区30～60毫米，局地80毫米；其余地区10～30毫米；最大小时雨强30～50毫米。过程中部分地区伴有短时强降水，局地有阵性大风。为做好本次强降雨天气防范应对工作，现将有关事项要求如下：

一、及时发布预警信息。 气象、防汛部门在强降雨期间要加密雨情、水情预警信息发布。有关单位要通过广播、电视、短信、网络等方式及时将预警信息传播到基层单位、城市社区、农村村社，确保信息发布全覆盖、无遗漏。

二、强化隐患排查。 有关单位要进一步加强重点领域、重点行业巡查排查，督促施工企业和学校、旅游景区等按照预案要求落实好安全防范和措施。

三、加强应急处置准备。 要高度重视，密切关注雨情、水情变化。各应急救援队伍要进入备勤状态，同时做好应急救灾物资、装备的调度准备，全力以赴做好防范应对工作，

—1—

急缓：急

重庆市防汛抗旱指挥部办公室
重庆市抗震救灾和地质灾害防治救援指挥部办公室　文件
重庆市气象灾害防御指挥部办公室

渝汛办电〔2019〕9号

重庆市防汛抗旱指挥部办公室
重庆市抗震救灾和地质灾害防治救援指挥部办公室
重庆市气象灾害防御指挥部办公室
关于做好近期强降雨过程防范应对工作的通知

各区县(自治县、经开区)防汛抗旱指挥部办公室、抗震救灾和地质灾害防治救援指挥部办公室、气象灾害防御指挥部办公室，市防汛抗旱指挥部、抗震救灾和地质灾害防治救援指挥部、气象灾害防御指挥部各成员单位：

—1—

▲ 决策气象服务发挥防灾减灾第一道防线作用

▲ 重庆市气象局召开“不忘初心、牢记使命”主题教育学习会议

▲ 重庆市气象局开展“不忘初心、牢记使命”主题教育集中学习

▲ 重庆市气象局开展“不忘初心、牢记使命”革命传统教育

▲ 重庆市气象局组织观看《习近平新时代中国特色社会主义思想概论》视频课程

“不破楼兰终不还”

▶ 1. 实施智慧气象工程　助力重庆在推进新时代西部大开发中发挥支撑作用

▲ 重庆智慧气象众创空间

◀

▲ 天枢 · 智能气象 + 大数据云平台

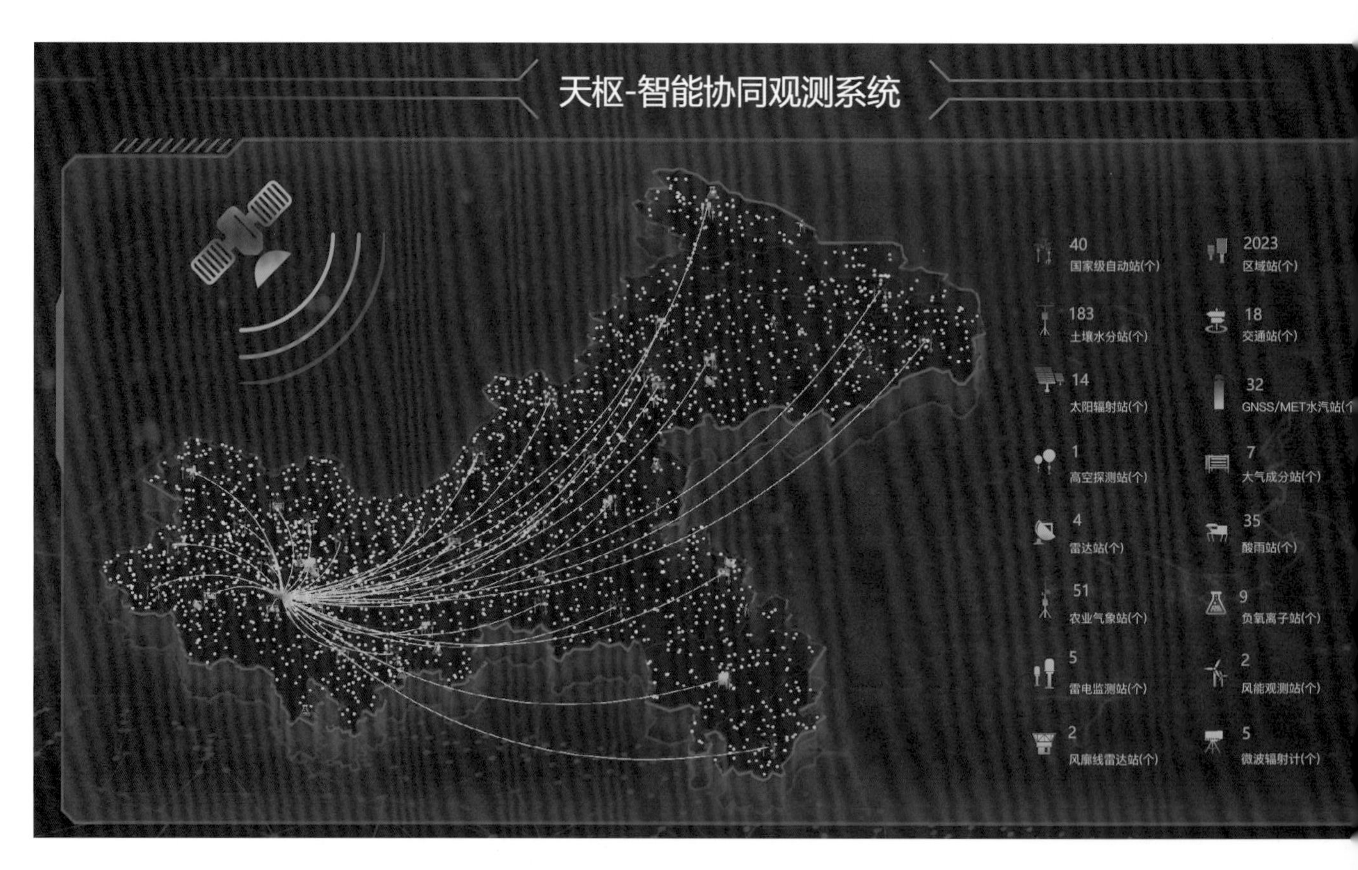

▲ 天枢 · 智能协同观测系统

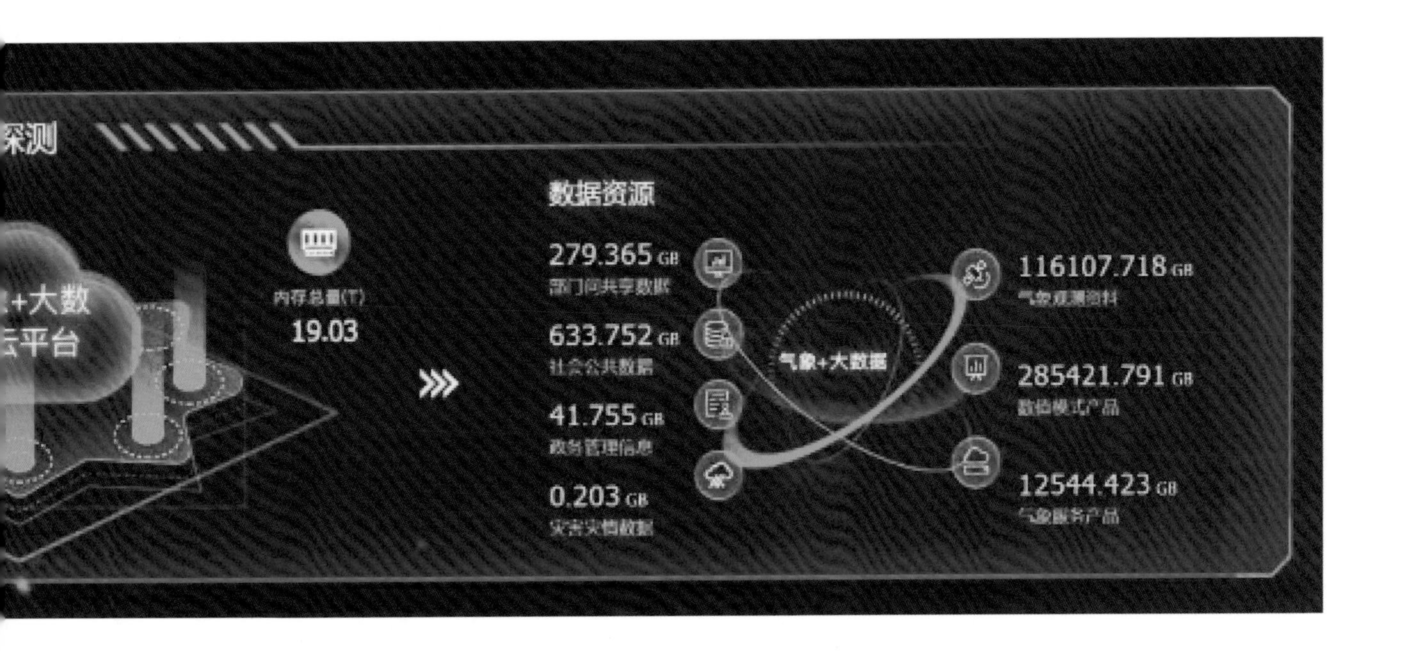

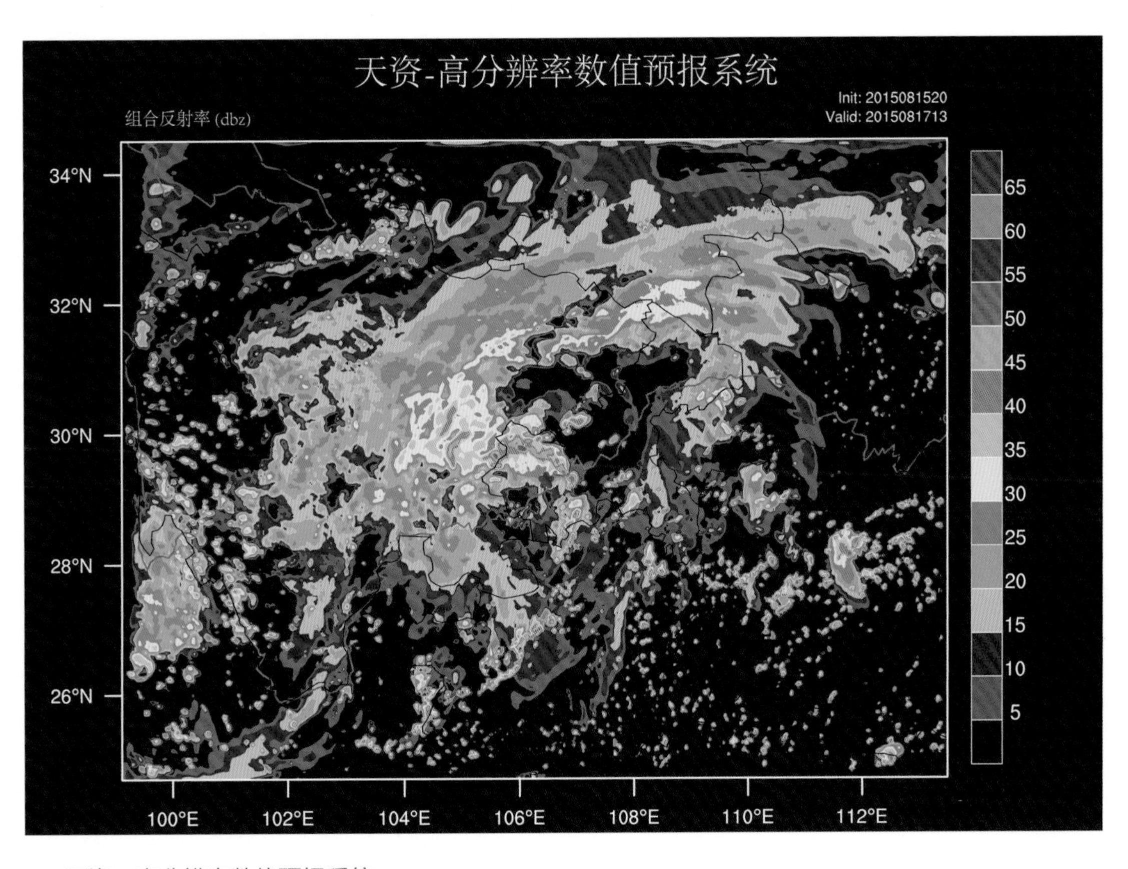

▲ 天资 · 高分辨率数值预报系统

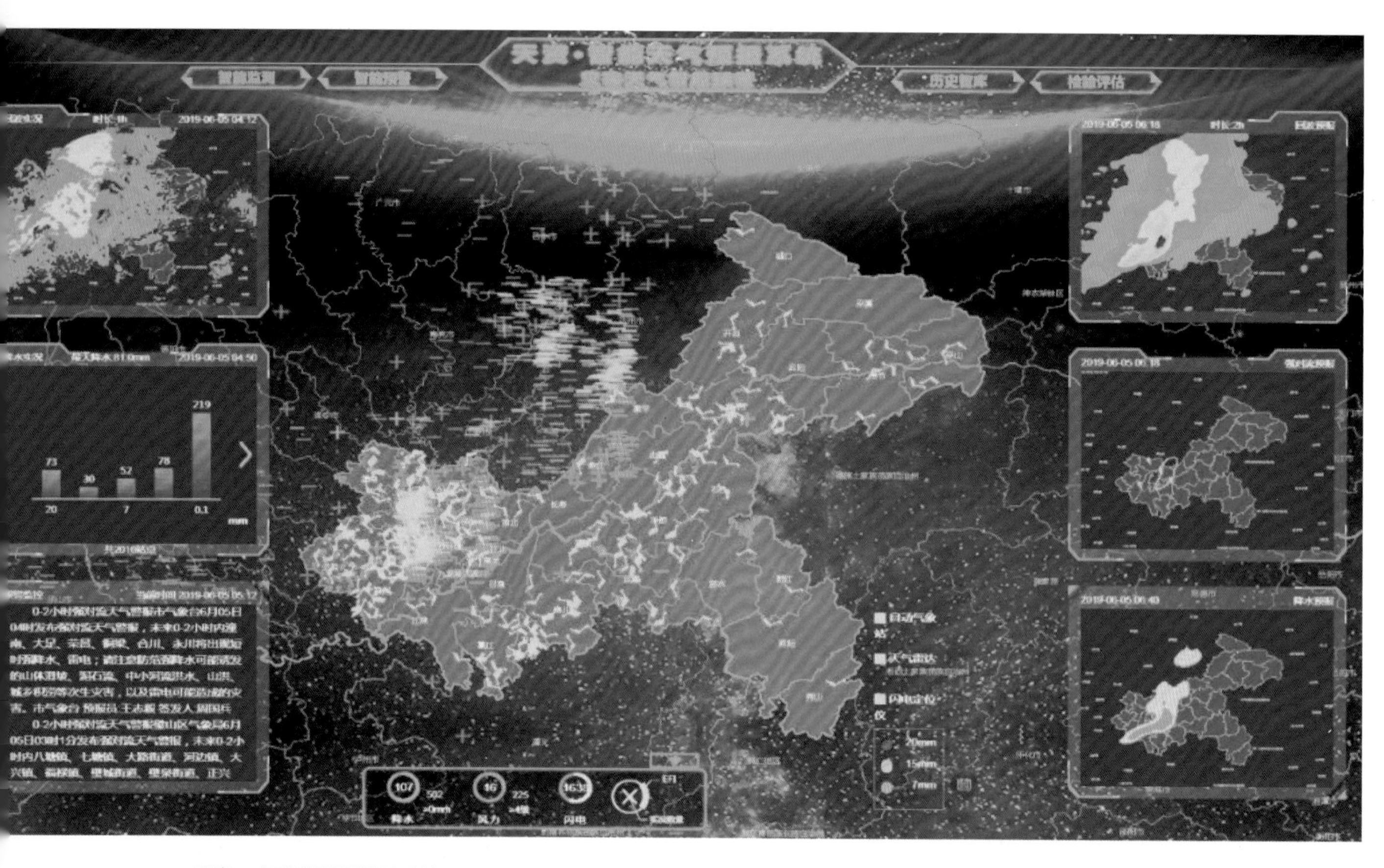

▲ 天资 · 智能预报预测系统

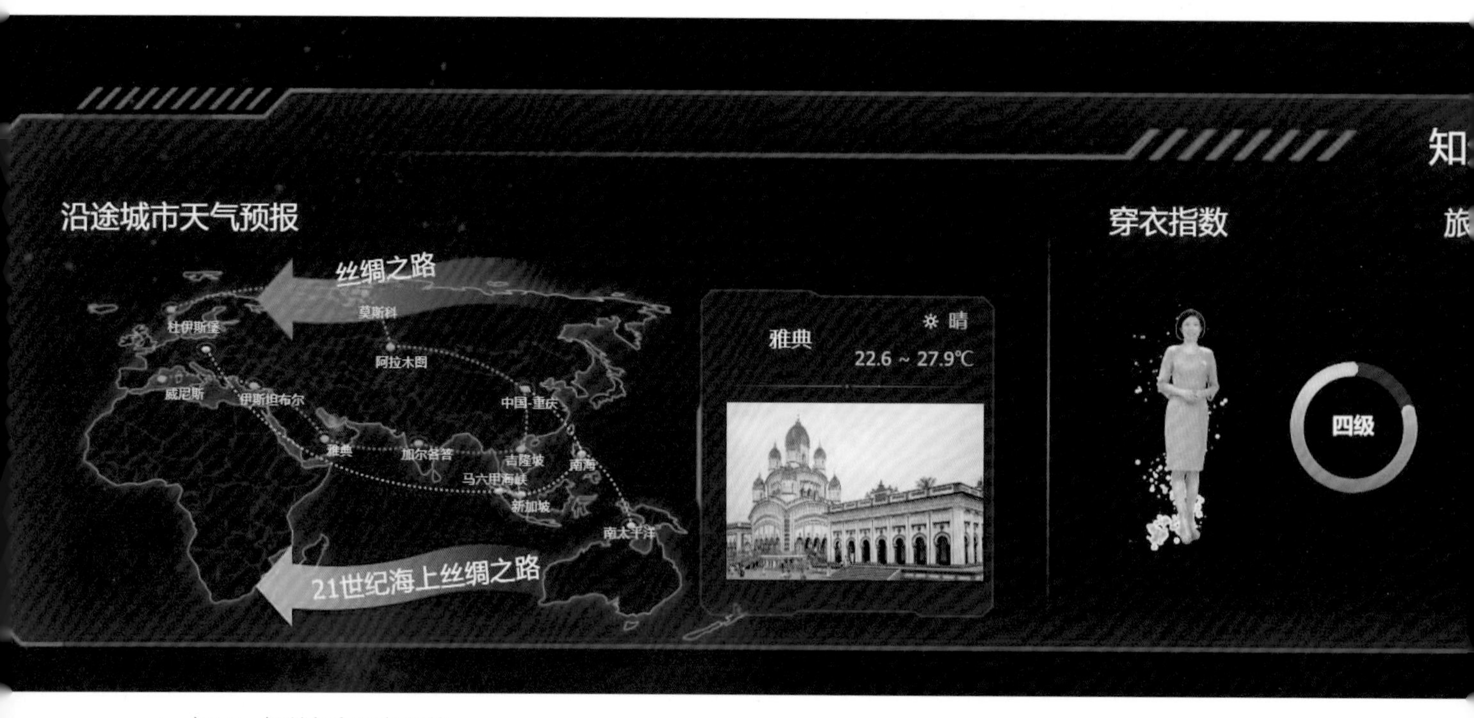

▲ 知天 · 智慧气象服务系统

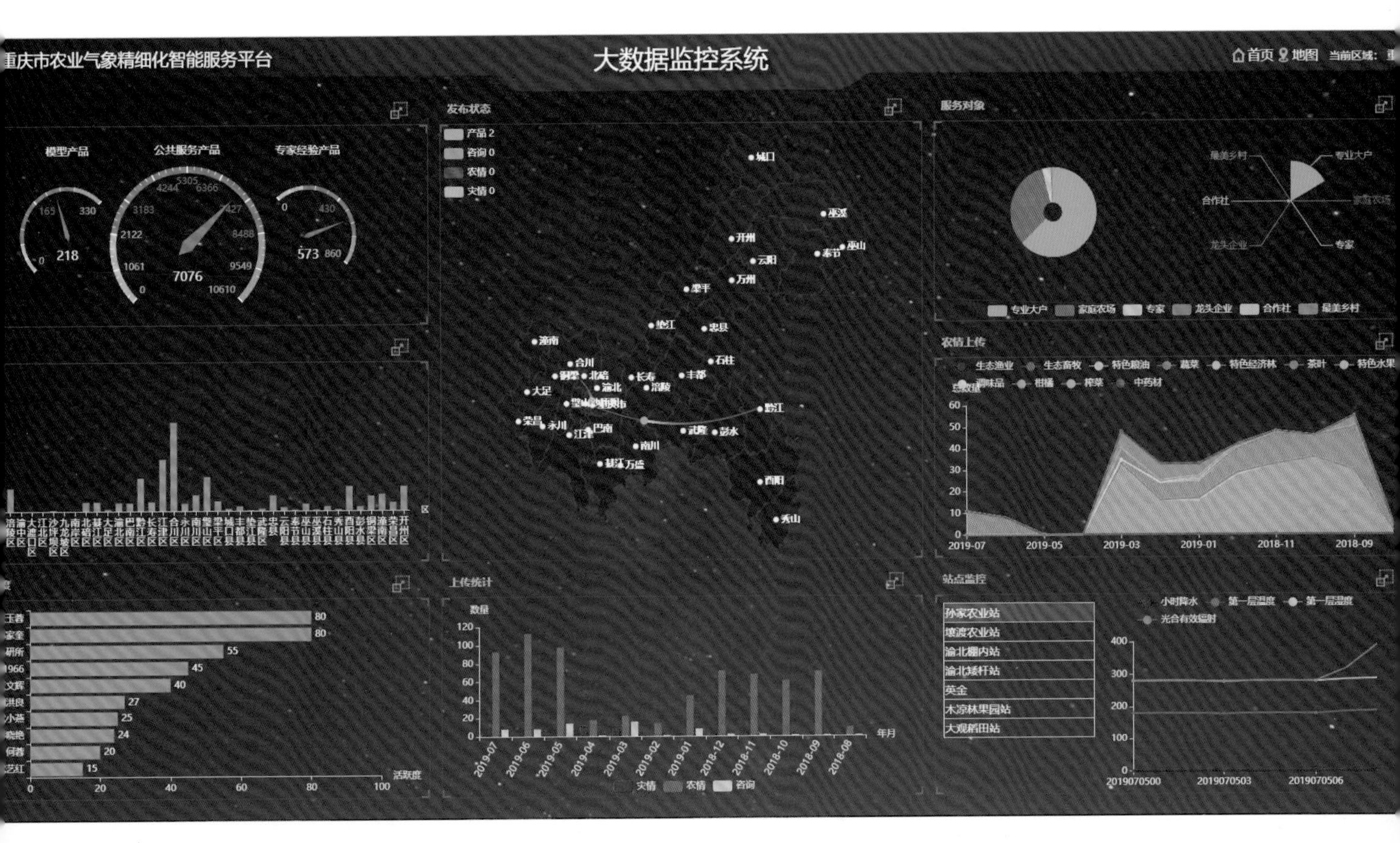

▲ 知天 · 智慧气象为农服务系统

▲ 御天 · 智能人工影响天气系统

▲ 御天 · 智能预警信息发布系统

▶ 2. 实施内陆开放高地建设气象保障工程　助力重庆在推进共建“一带一路”中发挥带动作用

▲ 知天 ·“一带一路”和长江经济带智慧监测预报系统

▲ 渝新欧国际铁路沿线城市天气预报系统

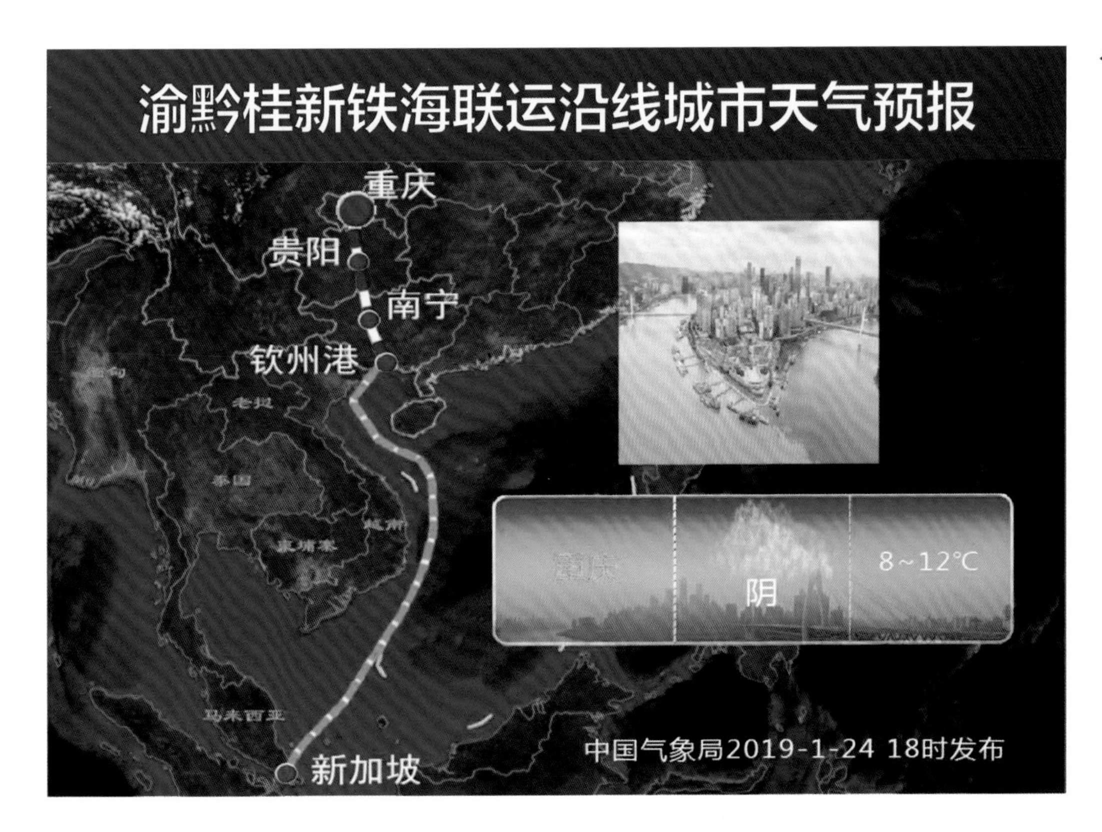

◀ 渝黔桂新铁海联运沿线城市天气预报系统

▶ 3. 实施生态文明建设气象保障工程　助力重庆在推进长江经济带绿色发展中发挥示范作用

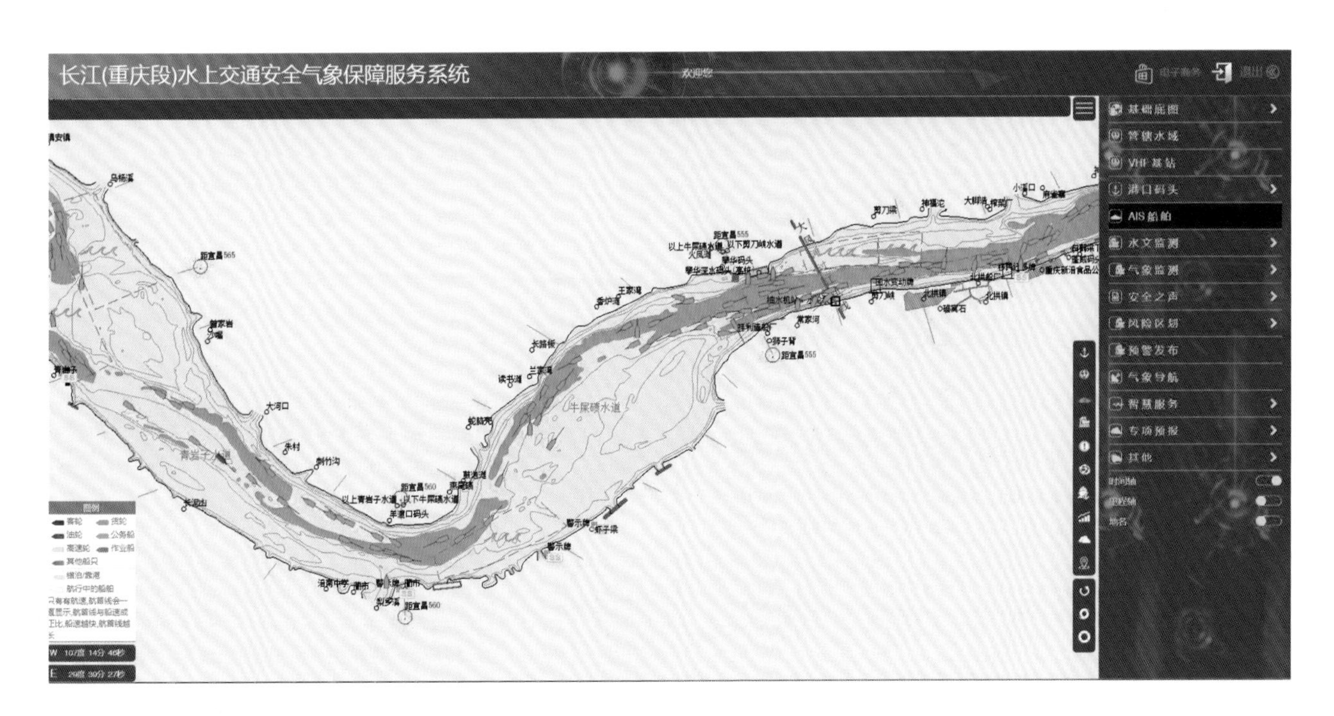

▲ 知天 · 长江（重庆段）智慧水上交通安全气象保障服务系统

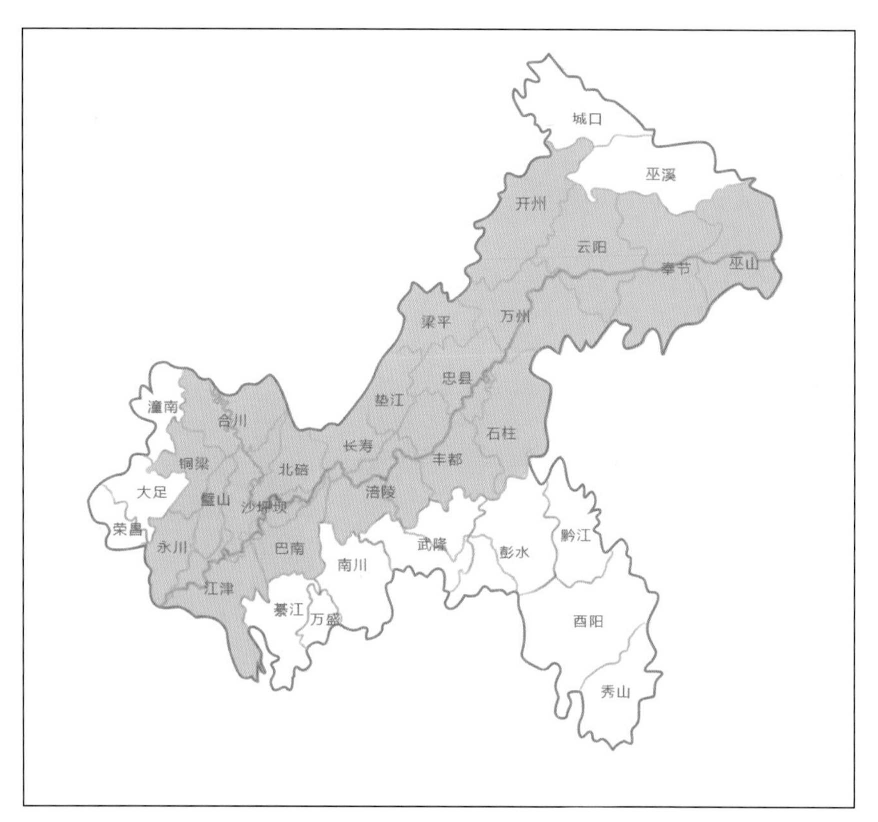

▲ 长江上游生态屏障保障人工影响天气重点作业区

▶ 4. 实施乡村振兴气象保障工程　助力解决“两不愁三保障”突出问题和打赢精准脱贫攻坚战

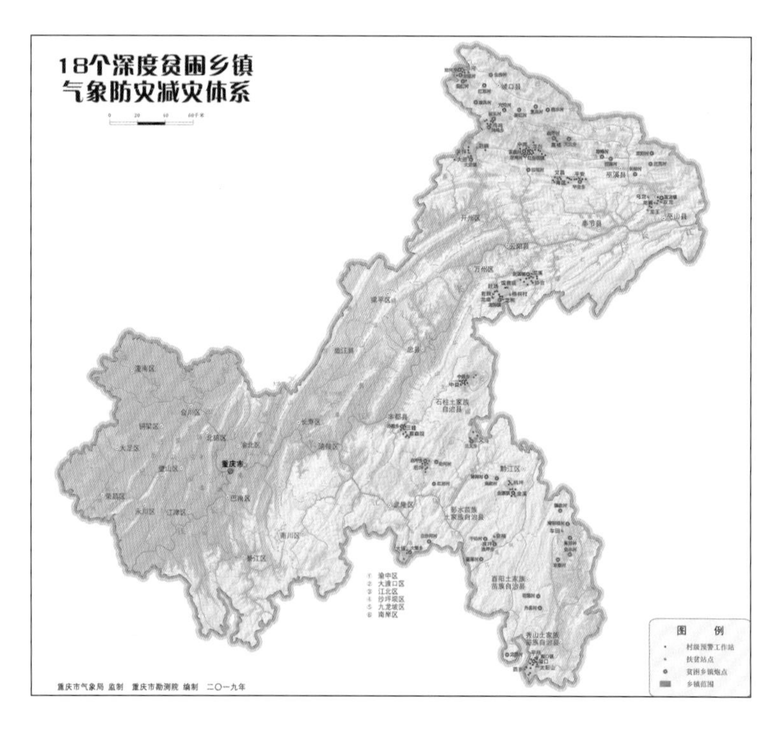

▲ 重庆市 18 个深度贫困乡镇气象防灾减灾体系

中国电信 上午4:48

精准组合拳 攻克坚中坚——

学习强国
中共中央宣传部“学习强国”学习平台
打开

精准组合拳 攻克坚中坚 ——重庆气象部门为打赢脱贫攻坚战提供高质量服务

重庆学习平台 2019-05-28 十订阅
作者：任俊

重庆气象部门为打赢脱贫攻坚战提供高质量服务重庆市石柱土家族自治县是国家级贫困县，该县中益乡是重庆市18个深度贫困乡镇之一。截至2018年底，石柱县实现13955户50880人脱贫，贫困发生率由15.7%降至0.87%。2019年1月27日，《重庆市人民政府工作报告》指出，石柱县达到了脱贫摘帽标准。中益乡也实现了整体脱贫的目标。

“小康不小康，关键看老乡，关键看脱贫攻

▲ 学习强国平台刊发重庆气象助力脱贫攻坚信息

▲ “中国气候好产品”授牌仪式

巫山脆李获全国首个“中国气候（特优）好产品”称号 ▶

▲ 中益乡专题片截图

▲ 三义专题片截图

▲ 奉节专题片截图

▲ 红池坝专题片截图

▶ 5. 实施城乡融合一体化气象防灾减灾救灾工程　提高防范化解重大自然灾害风险能力

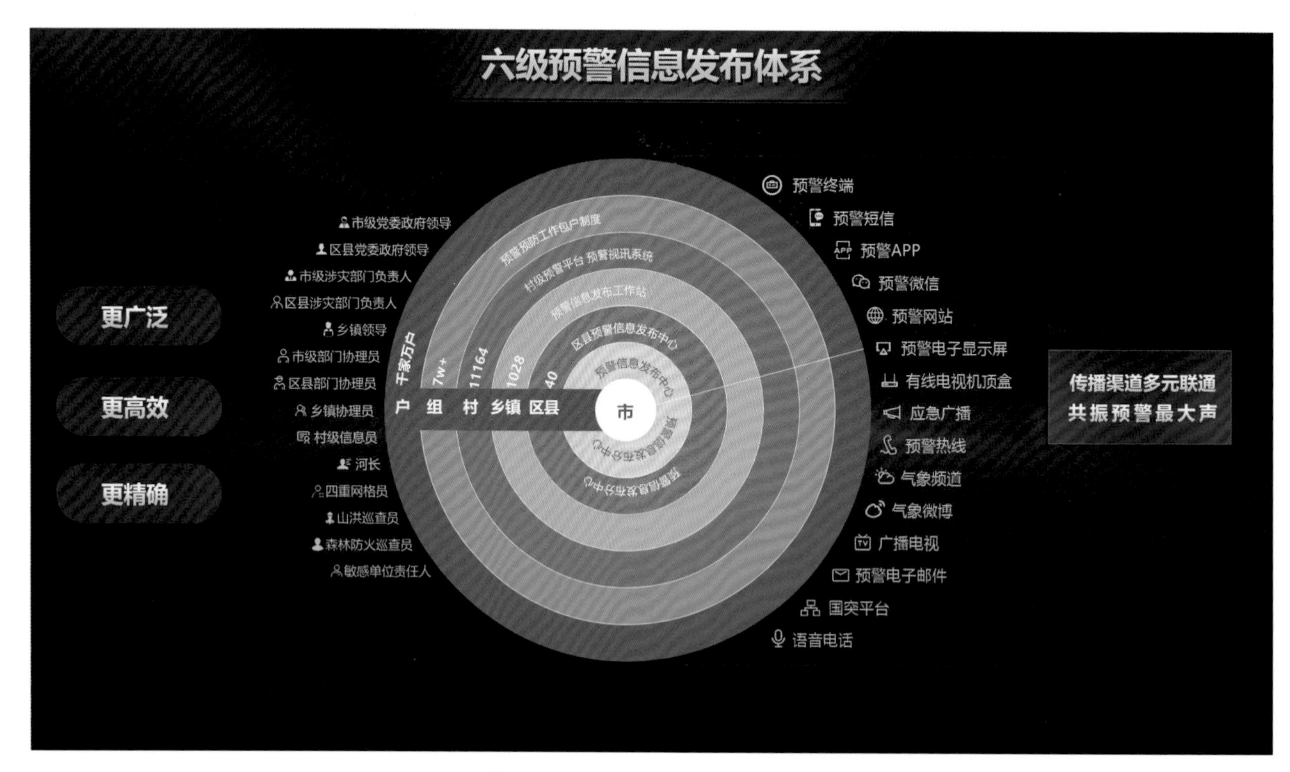

▲ 重庆加快建设市－区县－乡镇（街道）－村（居）－组－户六级一体化预警工作体系

▶ 6. 建设重庆三峡国家气象公园　助力重庆行千里致广大

▲ 璧山・观象识天园

▲ 綦江 · 气候变迁园

▲ 垫江 · 明月牡丹园（规划图）

▲ 江津 · 女桑园（规划图）

龙门春浪
许溪烟雨
仙池古迹
南江寓钓
江心砥石
荷塘夜月
夏承

▲ 秀山 · 秀气园（规划图）

▲ 开州・隐月岫（规划图）

▲ 涪陵・白鹤梁水文气象园

▲ 黔江·云齐雨深园（规划图）

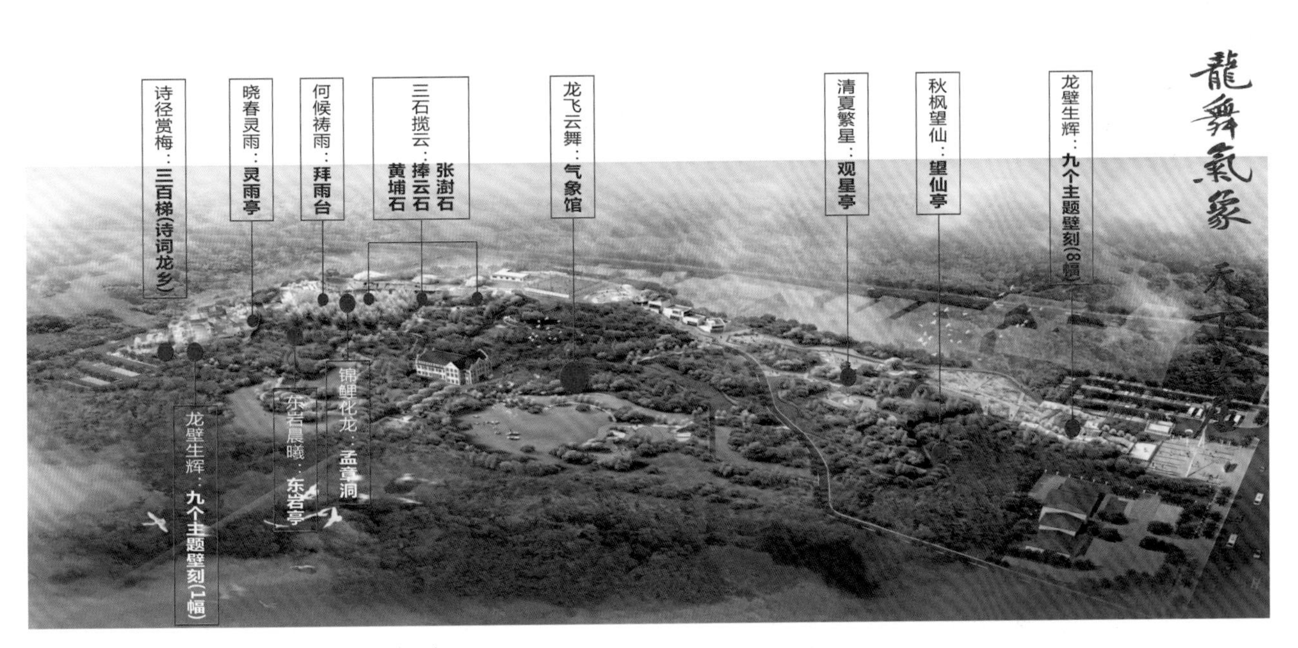

▲ 铜梁·龙舞气象主题公园（规划图）

▲ 巫山 · 红叶云雨园（规划图）

三峡红叶醉
巫山云雨飞

▲ 城口 · 生态气候明珠园（规划图）

匠心打造气象旅游“珍珠”项链 ▶

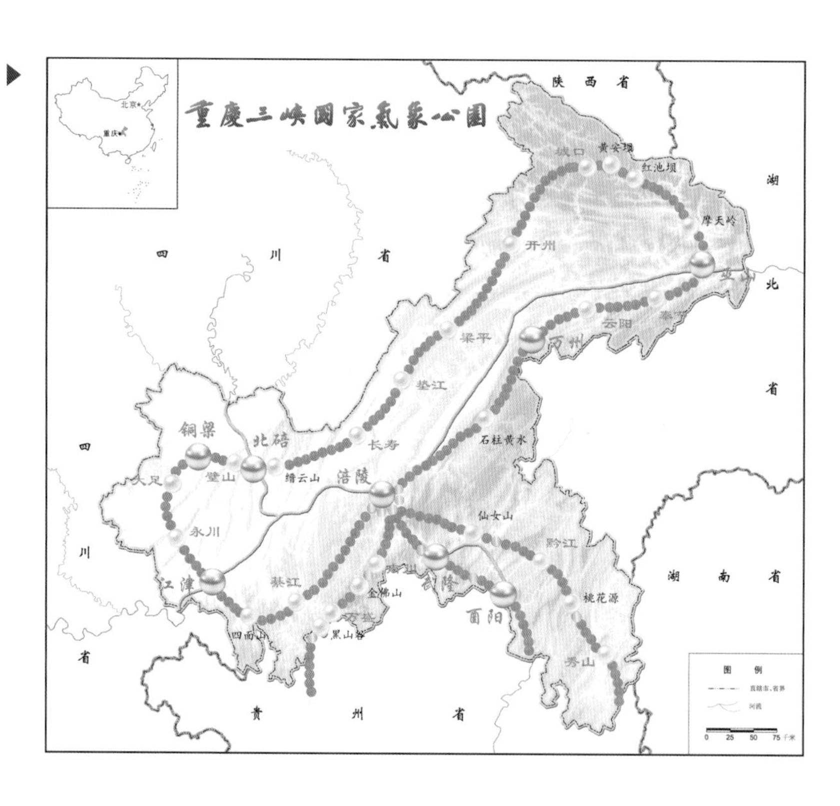

专题

3 中国气象报 China Meteorological News

江流自古书巴字 山色今朝画巨然

——重庆创新创建三峡国家气象公园工作纪实

新赋巴渝十二景

重庆三峡国家气象公园

气象

重庆日报 12

规划天气气候景观主题景区景点28个、立体气候主题景区景点19个……

我市加快创建三峡国家气象公园

新赋巴渝十二景

▲ 媒体聚焦重庆三峡国家气象公园创建

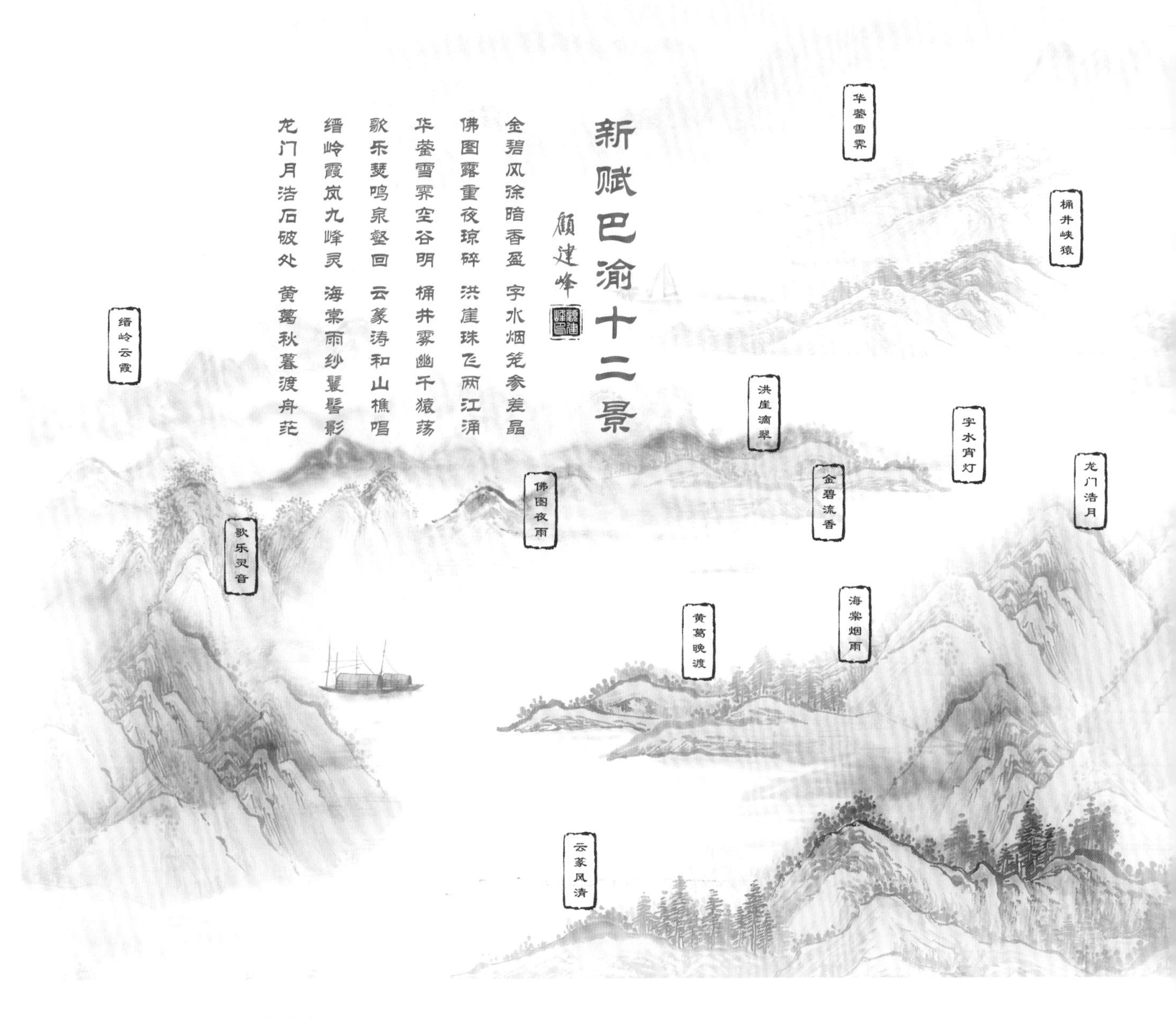

▲ 新赋巴渝十二景（顾建峰 作）